全国建设行业中等职业教育推荐教材

水电安装工程预算

（建筑经济管理专业）

主编　贾永康

主审　喻建华

中国建筑工业出版社

图书在版编目（CIP）数据

水电安装工程预算/贾永康主编. —北京：中国建筑工
业出版社，2004
全国建设行业中等职业教育推荐教材. 建筑经济管理
专业
ISBN 978-7-112-06184-6

Ⅰ. 水… Ⅱ. 贾… Ⅲ.①给排水系统—建筑安装
工程—建筑预算定额—专业学校—教材②电气设备—建
筑安装工程—建筑预算定额—专业学校—教材
Ⅳ.TU723.3

中国版本图书馆 CIP 数据核字（2004）第 019651 号

全国建设行业中等职业教育推荐教材

水电安装工程预算

（建筑经济管理专业）

主编　贾永康

主审　喻建华

*

中国建筑工业出版社出版、发行（北京西郊百万庄）

各地新华书店、建筑书店经销

廊坊市海涛印刷有限公司印刷

*

开本：787×1092 毫米　1/16　印张：8¼　字数：198 千字
2004 年 6 月第一版　2019 年 2 月第十三次印刷
定价：15.00 元
ISBN 978-7-112-06184-6
（14906）

本教材是根据建设部教育司颁发的建设部中等职业学校建筑经济管理专业"水电安装工程预算"课程教学大纲和教学计划编写的。重点讲述安装工程施工图预算的编制依据和方法。

本教材内容主要包括：建筑安装工程预算定额，室内给排水安装工程施工图预算的编制，室内采暖安装工程施工图预算的编制，室内电气照明安装工程预算，安装工程施工预算、竣工结算与决算，《建设工程工程量清单计价规范》简介。

本教材可作为中等职业学校工程造价管理、建筑经济、建筑水电等专业的教材，也可作为工程管理人员、预算人员的参考书。

* * *

责任编辑：向建国　张　晶
责任设计：崔兰萍
责任校对：王　莉

出 版 说 明

为贯彻落实《国务院关于大力推进职业教育改革与发展的决定》精神，加快实施建设行业技能型紧缺人才培养培训工程，满足全国建设类中等职业学校建筑经济管理专业的教学需要，由建设部中等职业学校建筑与房地产经济管理专业指导委员会组织编写、评审、推荐出版了"中等职业教育建筑经济管理专业"教材一套，即《建筑力学与结构基础》、《预算电算化操作》、《会计电算化操作》、《建筑施工技术》、《建筑企业会计》、《建筑装饰工程预算》、《建筑材料》、《建筑施工项目管理》、《建筑企业财务》、《水电安装工程预算》共 10 册。

这套教材的编写采用了国家颁发的现行法规和有关文件，内容符合《中等职业学校建筑经济管理专业教育标准》和《中等职业学校建筑经济管理专业培养方案》的要求，理论联系实际，取材适当，反映了当前建筑经济管理的先进水平。

这套教材本着深化中等职业教育教学改革的要求，注重能力的培养，具有可读性和可操作性等特点。适用于中等职业学校建筑经济管理专业的教学，也能满足自学考试、职业资格培训等各类中等职业教育与培训相应专业的使用要求。

建设部中等职业学校专业指导委员会

二〇〇四年五月

前　言

　　本教材是根据建设部教育司颁发的建设部中等职业学校建筑经济管理专业"水电安装工程预算"课程教学大纲和教学计划编写的。其中重点是安装工程施工图预算的编制依据和方法。在编写过程中，既注重了基本技能的训练，也注重了理论联系实际、动手能力的培养，力求突出重点，语言简练、通俗易懂，满足中等职业学校的教学需要。

　　本教材采用了1988年《建设部全国建筑安装工程统一劳动定额》，2000年《全国统一安装工程预算定额》，但由于我国幅员辽阔，各地条件不尽相同，建筑安装工程具有一定的地区性，因此在使用本教材时，应结合所在地区现行定额和相关政策规定进行教学，尽量使教学内容符合实际需要。

　　安装工程种类较多，本书主要介绍与建筑工程密切相关的建筑安装工程，即给排水工程、电气设备安装工程、采暖工程相应的施工图预算的编制方法及步骤，并列有施工图预算编制实例。为了使读者对工程预算有一个比较系统的、完整的概念，本书对设计概算、施工预算、两算对比等内容也做了简要介绍。

　　鉴于国家标准《建设工程工程量清单计价规范》（GB 50500—2003）已于2003年2月17日经建设部第119号公告批准颁布，并于2003年7月1日实施，故本教材亦对该规范的内容做了适当的介绍。

　　参加本教材编写工作的有：山西建筑职业技术学院贾永康（第三、六章）、攀枝花市建筑工程学校冯德岳（第一、二、四、五章），全书由贾永康副教授统稿。

　　本书由山西建筑职业技术学院喻建华副教授主审。

　　由于编者水平有限，书中难免有欠妥之处，望读者批评指正。

目　　录

第一章 建筑安装工程预算定额

第一节 全国统一安装工程预算定额概述

一、全国统一安装工程预算定额的作用及适用条件

（一）作用

《全国统一安装工程预算定额》是完成规定计量单位分项工程计价所需的人工、材料、机械台班的消耗量标准，是全国统一安装工程预算工程量计算规则、项目划分、计量单位的依据；是设计单位做工程设计方案比较、做技术经济分析的依据；是编制安装工程地区单位估价表、施工图预算、确定工程造价的依据；也是编制概算定额、概算指标的基础。对于招标承包的工程，它是编制标底的基础；对于投标单位，也是确定报价的基础。

（二）适用条件

适用于全国同类工程新建、改建、扩建工程。定额是按照正常施工条件进行编制的，所以只适用于正常施工条件，正常施工条件是：

（1）设备、材料、成品、半成品及构件完整无损，符合质量标准和设计要求，附有合格证书和试验记录。

（2）安装工程和土建工程之间的交叉作业正常。

（3）正常的气候、地理条件和施工环境。

（4）正常的劳动组合和管理施工水平。

（5）安装地点、建筑物、设备基础、预留孔洞等均符合安装要求。

（6）水、电供应均满足安装施工正常使用。

当在非正常的施工条件下施工时，如在高原、高寒地区、洞库、水下等特殊自然地理条件下施工，应根据有关规定增加其安装费用。

二、现行安装工程预算定额

现行的《全国统一安装工程预算定额》是由中华人民共和国建设部组织原机械工业部，原化学工业部，原电力工业部，原冶金工业部，公安部，北京、天津建设委员会，吉林省建设厅等部门修订编写的，于2000年3月17日起发布施行。

现行的《全国统一安装工程预算定额》共分十二册，包括：

第一册　机械设备安装工程

第二册　电气设备安装工程

第三册　热力设备安装工程

第四册　炉窑砌筑工程

第五册　静置设备与工艺金属结构制作安装工程

第六册　工业管道工程

第七册　消防及安全防范设备安装工程

第八册　给排水、采暖、燃气工程

第九册　通风空调工程

第十册　自动化控制仪表安装工程

第十一册　刷油、防腐蚀、绝热工程

第十二册　通信设备及线路工程

　　另有《全国统一安装工程预算定额工程量计算规则》和《全国统一安装工程施工仪器仪表台班费用定额》作为计算工程量、确定施工仪器仪表台班预算价格的依据及确定施工仪器仪表台班租赁费的参考。

三、安装工程预算定额的结构组成

　　现行的全国统一安装预算定额（2000 年版），每册均由目录、册说明、章说明、定额项目表、附注和附录组成。

（一）目录

开列定额组成项目名称和页次，以便查找。

（二）册说明

主要说明下列问题：

（1）定额的内容、适用范围。

（2）定额的作用。

（3）定额的编制条件。

（4）定额的编制依据。

（5）工日、材料、机械台班实物耗量和预算单价的确定依据和计算方法以及有关规定。

（6）有关增加费用（如脚手架搭拆费、高层建筑增加费、超高费等）的计取条件、计取方法和系数的规定。

（7）该册定额包括的工作内容和不包括的工作内容。

（8）定额的使用方法，使用中应注意的事项和有关问题的说明。

（三）章说明

主要说明下列问题：

（1）分部工程定额包括的主要内容和不包括的工作内容。

（2）使用定额的一些基本规定和有关问题的说明，例如界限划分、适用范围等。

（3）分部工程的工程量计算规则及有关的规定。

（四）定额项目表

包括下列内容：

（1）分项工程的名称、工作内容、工程量单位，一般列入项目表的表头，如表 1-1 所示。

（2）一个计算单位的分项工程人工消耗量、材料和机械台班消耗的种类和数量标准（实物量）。

（3）预算定额基价，即人工费、材料费、机械台班使用费（货币指标）。

（4）工日、材料、机械台班单价（预算定额）。

（5）附注。在项目表的下方，解释一些定额说明中未尽的问题。

（五）附录

主要提供一些有关的资料，例如施工机械台班单价表；主要材料损耗率；允许调整材料价格的材料取费价格；不允许调整价格的材料取费价格等。

　　需要指出的是，定额项目表中的未计价材料（又称为主材，如表 1-1 中的铜水嘴）只给应计数量（包含有损耗在内），而未给出单价，计算时尚需查本地的材料预算价格表。

2

详见第三节内容。

水 龙 头 安 装

表 1-1

工作内容：上水嘴、试水

计量单位：10个

定 额 编 号			8—438	8—439	8—440
项 目			公称直径（mm）		
			15	20	25
名 称	单 位	单价（元）	数 量		
人 工 综合工日	工 日	23.22	0.280	0.280	0.370
材 料 铜水嘴	个	—	(10.100)	(10.100)	(10.100)
铅 油	kg	8.770	0.100	0.100	0.100
线 麻	kg	10.400	0.010	0.010	0.010
基 价（元）			7.48	7.48	9.57
其 中 人工费（元）			6.50	6.50	8.59
材料费（元）			0.98	0.98	0.98
机械费（元）			—	—	—

第二节 安装工程预算定额的编制

一、编制的原则

（一）遵循平均水平的原则

预算定额中的人工、机械、材料的消耗指标的确定，应在正常生产条件下，保证大多数施工企业都能够达到的水平，主要体现在：

（1）正常的生产条件应是现实社会现阶段或将来一段时期具有的稳定的中等生产条件。

（2）劳动者的技术水平、熟练程度和劳动强度应是本部门中的平均水平。

（3）预算定额的水平是以施工定额（或劳动定额）水平为基础的，但是考虑到预算定额的综合性更大，可变因素更多，确定预算定额水平时，要在施工定额的水平基础上相对降低一定的幅度。

（二）遵循简明适用的原则

预算定额的编制内容应该全面、项目少、简明扼要且易操作。以简化施工图预算编制工作和简化建筑安装产品价格的计算程序。

（1）预算定额的项目划分，应简明实用，尽可能减少编制项目。常用的主要项目划分细一些，次要项目划分适当综合，近似项目加以合并。

（2）工程量计算规则应准确明了，无歧义，应尽量少留活口，同时减少定额的换算工作。

（三）遵循技术先进、经济合理的原则

编制预算定额时应充分考虑到现阶段的先进生产技术和管理经验的推广及使用，从而合理确定整个行业中各施工工序的社会必要劳动时间，这样有利于提高劳动生产率，减少

3

消耗，缩短工期，加快基本建设步伐。

（1）技术先进主要指各预算定额项目的确定，以及施工方法、施工机械和材料的选择等方面的内容，要及时地、正确地反映当前设计和施工单位的设计水平、施工技术水平和管理水平。

（2）经济合理主要指纳入预算定额的材料规格、数量和施工机械的配备等内容，在满足技术先进的前提下，要符合当前大多数施工企业的施工和经营管理水平的现状。

二、编制的依据

（1）现行的设计、施工验收规范、安全操作规程、质量评定标准等，有国家标准的，应以国家标准为依据，无国家标准的可参照有关部门或地区的相关标准规范。

（2）现行的《全国统一建筑安装劳动定额》（1988）及有关的编制资料等。

（3）现行的《全国统一安装工程基础定额》、《全国统一施工机械台班费用定额》（1988）及有关的编制资料。

（4）现行的标准图集和具有代表性工程的设计图纸等资料。

（5）经工程实践检验确已成熟的，已被推广使用的新技术、新结构、新材料的资料。

（6）各省、自治区、直辖市的补充定额及有关的编制资料。

三、编制方法和步骤

（一）确定定额项目和内容

预算定额在项目上较为复杂，它不像施工定额所反映的只是一个施工过程的人工、材料和施工机械的消耗定额。因此，确定定额项目时要求：①要便于确定单位估价表；②要便于编制施工图预算；③要便于进行计划、统计和成本核算工作。

（二）确定计量单位

选择的计量单位应能确切地反映单位产品的工料消耗量，保证预算定额的准确性，有利于工程量计算和整个预算编制工作，保证预算的及时性。

由于各种分部分项工程的形状不同，定额的计量单位应根据上述原则，结合形体固有的规律性来确定。

（1）凡物体的截面有一定的形状和大小，但有不同长度时（如管道、电缆、导线等分项工程），应当以长度"米"为计量单位。

（2）当物体有一定的厚度，而面积不固定时（如通风管、油漆、防腐等分项工程），应当以"平方米"作为计量单位。

（3）如果物体的长、宽、高都变化不定时（如土方、保温等分项工程），应当以"立方米"为计量单位。

（4）有的分项工程质量、价格差异较大，则采用吨（t）、千克（kg）为计量单位（如支架的制作安装、风管部件的制作安装、机械设备的安装等）。

（5）有的则根据成品、半成品和机械设备的不同特征，以个、片、组、套、台、部等为计量单位（如灯具、暖气片、风机等安装工程）。

（三）确定施工方法

编制预算定额所取定的施工方法，必须选用正常的、合理的施工方法用以确定各专业的工程和施工机械。

（四）确定预算定额中人工、材料、施工机械消耗量

1. 确定人工消耗量

(1) 确定人工消耗量的内容：预算定额中人工消耗量是指完成该分项工程所必需的全部工序用工量，包括基本用工和其他用工。

1) 基本用工：指完成该分项工程的主要用工量，即包括在劳动定额时间内所有用工量的总和，以及按劳动定额规定应增加的用工量。其计算公式如下：

$$基本用工工日 = \Sigma（扩大工序工程量 \times 时间定额）$$

2) 其他用工：指预算定额内其他用工，包括材料超运距用工、辅助工作用工和人工幅度差。

(A) 材料超运距用工：这是指预算定额取定的材料、半成品等运距，超过劳动定额规定的运距应增加的工日。其用工量以超运距（预算定额取定的运距减去劳动定额取定的运距）和劳动定额计算。计算公式如下：

$$超运距用工 = \Sigma（超运距材料数量 \times 时间定额）$$

(B) 辅助工作用工：辅助工作用工是指劳动定额中未包括的各种辅助工序用工，如材料的零星加工用工，土建工程的筛沙子、淋石灰膏、洗石子等增加的用工量。辅助工作用工量一般按加工的材料数量乘以时间定额计算。

(C) 人工幅度差：人工幅度差是指预算定额对在劳动定额的用工范围内没有包括，而在一般正常情况下又不可避免的一些零星用工，常以百分率计算。一般在确定预算定额用工量时，按基本用工、超运距用工、辅助工作用工之和的 10% ~ 15% 范围内取定。其计算公式为：

人工幅度差（工日） = （基本用工 + 超运距用工 + 辅助工作用工） × 人工幅度差百分率

(2) 人工幅度差的主要因素：

1) 在正常施工情况下，土建或安装各工种工程之间的工序搭接，以及土建与安装工程之间的交叉配合所需停歇的时间；

2) 现场内施工机械的临时维修、小修，在单位工程之间移动位置及临时水电线路在施工过程中移动所发生的不可避免的工人操作间歇时间；

3) 因工程质量检查及隐蔽工程验收而影响工人的操作时间；

4) 现场内单位工程之间操作地点转移而影响工人的操作时间；

5) 施工过程中，交叉作业造成难以避免的产品损坏修补所需要的用工；

6) 难以预计的细小工序和少量零星用工。

在组织编制或修订预算定额时，如果劳动定额的水平已经不能适应编修期生产技术和劳动效率情况，而又来不及修订劳动定额时，可以根据编修期的生产技术与施工管理水平，以及劳动效率的实际情况，确定一个统一的调整系数，供计算人工消耗指标时使用。

(3) 人工消耗量的计算：一是按综合取定的工程量和劳动定额、人工幅度差系数等，计算出各工种用工的工日数；二是计算预算定额用工的平均工资等级。因为各种基本用工和其他用工的工资等级并不一致，为了准确地求出预算定额用工的平均工资等级，必须用加权平均方法计算，先计算出各种用工的工资等级系数，再在"工资等级系数表"中找出平均工资等级。

2. 确定材料消耗量

作为预算定额的材料消耗量，其组成内容包括材料的有效消耗、材料的工艺性损耗和材料的非工艺性损耗三部分。用公式表示就是：

预算定额的材料消耗量 = 有效消耗量 + 工艺性损耗量 + 非工艺性损耗量

在确定预算定额的材料消耗量时，应以施工定额中的材料消耗定额为基础，适当考虑一定的幅度来确定。但因施工定额及材料消耗定额现在还很不完备，在确定预算定额中的材料消耗量时，通常是直接根据选择的具有代表性的典型施工图或标准图，通过计算、测定、试验等方法，先求得有效消耗量和工艺性损耗量（或损耗率），然后再适当增加一定数量的非工艺损耗量（或损耗率）。

许多工程的工程量本身就是一种主要材料的有效消耗量（构成工程实体的量），如钢结构和非标准设备的"吨"、管道的"米"，以及某些的"台"、"个"、"组"、"套"等为计量单位的工程量。此时应先定出主材的合理损耗率。因为各类工程的主材消耗，占建筑安装工程造价很大比重，损耗率的高低直接影响到预算定额水平的高低，必须慎重从事，合理确定。

3．确定施工机械台班消耗量

在按照施工定额计算机械台班的消耗量时，尚应考虑在合理的施工组织设计条件下机械的停歇因素，另外增加一定的机械幅度差。

机械幅度差是编制预算定额，按照施工定额计算施工机械台班消耗量时，对施工定额规定的范围内没有包括，而又必须增加的机械台班消耗量，一般以百分率表示。其因素大致有以下几个：

（1）施工中施工机械转移工作位置及配套机械互相影响所造成的损失时间；

（2）施工初期条件限制所造成的工效差；

（3）工程结尾时工作量不饱满所损失的时间；

（4）临时停水、停电所发生的工作间歇时间；

（5）临时水电线路的转移而影响机械的工作间歇时间；

（6）工程质量检查影响机械的工作间歇时间；

（7）工作的损失时间；

（8）配合机械施工的工人，在人工幅度差范围以内的工作间歇而影响机械操作的时间。

对于按机械施工班组或个人配备的中小型机械，如果按人机比例计算定额的机械台班消耗量时，因为人工已经计算了幅度差，施工机械不应再计算幅度差。

第三节　安装工程单位估价表

预算定额所规定的各种生产要素消耗数值（定额指标），可以在较大地域内统一使用。但是，定额基价受地区、时间的影响而存在价差，难以统一执行。因此，定额基价可随地区、时间的变化而进行调整。基价的调整方法可分为两类，第一类是编制本地区的单位估价表，第二类是采用原定额基价，再乘以调整系数（统一调整系数或分项调整系数）。由于地区生产要素的价格受市场影响而经常出现波动，所以，有的地区即使有了"单位估价表"，还可能再用外加系数进行二次调整。

一、单位估价表的概念

单位估价表是确定预算内单位合格产品直接费用的文件，是以统一预算定额规定的人工、材料及施工机械台班的消耗数量，按照本地区的人工工资标准、材料预算价格及机械台班单价，计算出以货币形式表示的完成分部、分项工程或结构构件合格产品的单位价格。

单位估价表会因为各地区的人工工资标准、材料价格及机械台班单价各不相同，使编制的合格产品单位价格也各不相同，因此常称为地区单位估价表。

二、单位估价表的内容

单位估价表的内容一般有两部分：（1）统一定额规定的某一项目所对应的人工、材料及施工机械台班的消耗数量。（2）与上述三种数量相对应的三种价格，这三种价格分别是工人工资标准、材料预算价格和施工机械台班费单价。

编制地区单位估价表通常把预算定额中的"三量"与"三价"相乘，得出"三费"，即人工费、材料费、施工机械台班费，"三费"之和构成该分项工程的"基价"。

三、单位估价表的主要作用

（1）单位估价表是编制本地区单位工程预（结）算、计算工程直接费的基本标准。

（2）单位估价表是对设计方案进行经济比较的基础资料。

（3）单位估价表是企业进行经济核算和成本分析的依据。

四、单位估价表与"未计价材料"

利用统一定额编制地区单位估价表时，对"未计价材料"一般有两种处理办法：一种办法是对统一定额中的"未计价材料"部分，按照当地的材料预算价格及统一定额规定的材料消耗量编入地区单位估价表的"主材费"或材料费内，使地区单位估价表构成完整的单价，即"单位估价汇总表"。采用这种办法编制的地区单位估价表，在编制工程预算时可以直接套用，使用比较方便，但单位估价表的子目多、篇幅大。另一种办法是编制地区单位估价表仍旧保持统一定额的形式，即"未计价材料"只编入地区材料预算价格，不编入单位估价表，在编制预算价格时将"未计价材料"单独列项计算后计入预算直接费。

五、单位估价表的编制依据

（1）现行的预算定额。

（2）地区现行的预算工资标准。

（3）地区各种材料的预算价格。

（4）地区现行的施工机械台班费用定额。

第四节　安装工程概算定额与估算指标

建筑安装工程概算定额与估算指标，是设计单位在初步设计阶段或扩大初步设计阶段概略地确定工程项目造价，编制设计概算时的依据。是国家各有关部门或各省、市、自治区，按照一定原则和要求组织编制、审批并颁发执行的具有法令性的文件。

一、概算定额

（一）概算定额的概念

概算定额是在预算定额基础之上，在保证相对准确的前提下，以工程主体分部分项为主，进一步综合、扩大、合并相关部分编制而成。概算定额的研究对象是预算定额的综合和扩大，故单位工程用概算定额为依据编制概算书的方法，与单位工程施工图预算书编制方法和步骤基本相同，只是工程量计算规则、其他直接费、子目及综合系数，按当地概算定额规定计算；价差及工程造价计算程序按各地规定执行。在编制单位工程概算书时，通常不计算其他间接费、计划利润、税金及技术经济指标等，而是在编制单项工程综合概算或建设项目总概算时，将几个单位工程合并后一次计算，以减少计算工作。

（二）概算定额的作用

（1）是初步设计阶段编制设计概算和扩大初步设计或技术设计阶段编制修正概算的主要依据。

（2）是编制工程建设主要材料申请计划的基础。

（3）是编制概、估算指标的依据。

（4）是进行设计方案技术经济比较和选择的依据。

（5）是确定建设项目投资控制数、编制建设年度计划、实行工程建设大包干、控制建设投资和施工图预算的依据。

（三）概算定额的组成

建筑安装工程概算定额，一般由目录、总说明、各分部工程定额和有关附录组成。

（1）目录。

（2）总说明。概算定额总说明的内容，一般包括编制依据和原则；定额的作用和适用范围、有关人工工资和材料预算价格的取定标准；对材料和设备的计算规定与要求、建设面积的计算规则等。

（3）各分部工程定额。各分部工程定额由分部说明、工程量计算规则和定额项目表等组成。

分部说明主要是阐述该分部工程的一些具体规定和要求。工程量计算规则是对该分部工程计算工程量的具体规定。定额项目表由综合内容、定额编号、概算价格、人工和主要材料消耗量等组成。

（4）附录。附录一般列在概算定额的后面。

（四）概算定额的编制

1. 概算定额的编制原则

（1）概算定额应适应设计、计划、统计和拨款的要求，使其具有更好的适用性。

（2）概算定额的编制深度，要适应初步设计深度要求，在保证设计概算的前提下，以预算定额为基础，进行适当综合和扩大。

（3）概算定额的水平应与预算定额相一致，必须是反映正常条件下大多数施工企业所能达到的平均合理水平。

（4）概算定额项目的划分，应简明易懂、项目齐全、计算简单、准确可靠。概算定额项目的计量单位应与预算定额尽量一致。要考虑统筹法和应用计算机编制设计概算的要求，以简化工程量和概算编制的计算。

（5）概算定额应尽量不留活口，以减少定额换算工作。对于设计和施工变化多而影响工程量多、价差大的项目，应尽量根据有关资料进行测算，综合取定常用数值及调整系数等。

2. 概算定额的编制依据

（1）现行建设工程设计标准和规范、施工及验收规范。

(2) 现行建设工程预算定额。

(3) 经批准的建设工程标准设计，有代表性的设计图纸等。

(4) 过去颁发的概算定额。

(5) 现行地区人工工资标准、材料预算价格和施工机械台班单价。

(6) 有关的施工图预算和工程竣工结算等经济技术资料。

3. 概算定额的编制步骤

建筑工程概算定额的编制工作，一般分准备、编制和审核定稿三个阶段进行。

(1) 准备阶段。包括制定编制原则和要求，研究提出定额分部、分项方案，搜集必需资料。

(2) 编制阶段。先确定编制工程量计算表格、定额的计量单位、小数位数、主要材料种类、概算定额表的形式。然后根据审定的图纸资料开展概算定额的计算和编制工作。

(3) 审查定稿阶段。编制工作完成后，主要审查概算定额各分部和总水平是否与预算定额水平基本一致，定额幅度差是否控制在原先确定的幅度范围以内。若超出范围，应调整定额水平，直至符合要求为止。然后写出送审报告，送国家有关部门或各省、市、自治区主管部门审批，经批准后即可印刷发行。

4. 概算定额的编制方法

建筑安装工程概算定额的编制方法有：采用工程量计算规则不同和综合内容取定各异两种情况。

工程量计算规则不同的有：采用预算定额的工程量计算规则。编制时将有关预算定额项目综合成一个项目，并在概算价值中加入事先确定的概算定额幅度差。概算定额幅度差是由于概算定额在预算定额基础上适当扩大的，因而在工程量取值、工程质量标准和施工方法等进行综合取定时，概算定额与预算定额之间必然会产生并允许预留一定的幅度差，以便用概算定额编制的设计概算能够控制施工图预算。概算定额与预算定额的幅度差应控制在 5% ~ 8% 以内。

采用简化和调整后的工程量计算规则。这时由于改变了工程量计算规则，扩大了工程量，编制时则将有关预算定额项目综合组成一个项目即可。

建筑安装工程概算定额的内容，是以工程形象部位或主体结构确定的，将预算定额中若干分部、分项工程综合成一个分部、分项工程。但各地综合的内容不尽相同，故概算定额的编制方法也不尽相同。

二、估算指标

(一) 估算指标的概念

当初步设计深度不够、图纸或工程数据等资料不齐全时，可利用概算指标编制单位工程概算。

概算指标比概算定额更进一步综合、扩大，所以根据概算指标编概算，比根据概算定额编概算更加方便和简单，但较粗略，细度不足。是按整个建筑物以每平方米或 $100m^2$ 建筑面积为计量单位，构筑物以座为计量单位，规定完成扩大分项工程合格产品的造价指标，以及人工、材料和机械消耗数量标准。

(二) 估算指标的作用

(1) 设计单位在方案设计阶段编制投资估算，是选择方案设计的依据。

（2）是供有关主管部门审批、控制工程项目投资的依据。

（3）是基建部门编制工程建设计划和估算主要材料消耗量的依据。

（4）是建筑施工企业编制施工计划，确定施工方案，实行经济核算的依据。

（三）估算指标的组成

建筑安装工程估算指标由总说明、分册说明、经济指标等部分组成。

1. 总说明及分册说明

总说明主要从总体上说明估算指标的编制依据、分册情况、作用及适用范围、工程量计算规则及其他说明。

分册说明是对本分册中的具体问题及使用注意事项做出必要的说明。

2. 经济指标

经济指标包括该单项或单位工程每平方米造价指标、每平方米建筑面积的扩大分项工程量、主要材料消耗及工日消耗指标，它是估算指标的主要内容。

（四）估算指标的表现形式

估算指标在具体内容的表现形式上，有综合估算指标和单项估算指标两种。

（1）综合估算指标。是按工业或民用建筑及其结构类型而制定的概括性较大的估算指标。其准确性、针对性不如单项估算指标。

（2）单项估算指标。是以某种典型建筑物或构筑物为分析对象编制的估算指标。单项估算指标针对性较强，故指标中对工程结构特征要作介绍。单项估算指标的准确性，取决于工程项目的结构特征及工程内容与单项估算指标中的工程类型相吻合的程度。

（五）估算指标的编制

建筑安装工程估算指标的编制工作，一般按准备、编制和审查定稿三个阶段进行。其编制方法通常采用典型工程的预（结）算资料或标准（通用）设计图纸进行编制。

1. 每平方米或 $100m^2$ 建筑面积估价指标的编制方法

（1）采用预（结）算资料编制时，先对选用的典型工程预（结）算进行审查，剔除其中一些特殊因素所增加的部分费用，如建设单位支付的材料质差、量差和价差的三差费用，施工单位为建设单位服务性的签证费用等。然后按编制方案确定的指标项目，计算造价指标、材料消耗量指标、人工消耗量指标，最后填写估算指标的表格。

具体编制方法是：

1）根据图纸计算建筑面积；

2）将建筑面积乘以与设计特征相符的概算指标，汇总后求出单位工程概算直接费；

3）按计费程序计算费用和概算造价；

4）将单位工程概算价值除以建筑面积，得出技术经济指标；

5）作工料分析。

（2）采用标准（通用）图编制时，先根据选定的标准（通用）图纸计算工程量，编制单位工程概（预）算。然后根据概（预）算资料，按上述方法编制。

2. 万元指标的编制方法

万元指标是指用每万元工程投资计算出各种建筑物所含的人工和主要建筑材料消耗量指标。其编制方法基本与每平方米指标相同。

3. 具体编制方法

（1）根据图纸计算建筑面积；

（2）将建筑面积乘以与设计特征相符的概算指标，汇总后求出单位工程概算直接费；

（3）按计算程序计算费用和概算造价；

（4）将单位工程概算造价值除以建筑面积，得出技术经济指标。

复 习 思 考 题

1. 试列表比较预算定额、概算定额及估算指标的意义、作用、主要内容及形式特点。

2. 何谓单位估价表？为什么要编制单位估价表？试述单位估价表的作用和编制依据。

3. 现行的《全国统一安装工程预算定额》由哪些分册组成？本地区有哪些执行规定？

4. 分析预算定额中的"基价"、"工、料、机单价"及工、料、机单价的分解，并予以归纳。

第二章 室内给排水安装工程施工图预算的编制

第一节 施工图预算概述

施工图预算是在建设项目各单项工程中的各单位工程的施工图设计完成后，工程开工之前，由建设单位及施工企业预先计算和确定的工程费用文件。它是应用最广，涉及面最多的一种费用文件。

一、施工图预算的作用

（1）施工图预算是确定建筑安装工程造价的依据；是工程施工期间进行工程结算的依据；是办理工程竣工决算的依据；是甲方向乙方预付备料款的依据。

（2）施工图预算是银行拨付工程款或办理贷款的依据。

（3）施工图预算是建设单位招标，编制标底的依据；是施工企业投标，编制投标文件、确定工程报价的依据；是甲乙双方签订工程承包合同，确定承包价款的依据。

（4）施工图预算是施工企业组织施工、编制各种资源（人工、材料、成品、半成品、机具设备等）供应计划的依据。

（5）施工图预算是施工企业进行经济核算、考核工程成本的依据。

（6）施工图预算是进行"两算"对比的前提条件。

二、工程造价的费用构成

全国各地的工程造价构成不尽相同，下面所列为四川省的费用构成，共四大部分。有些省市还包括定编费（在税金之前）。

（一）直接工程费

（1）直接费

（2）其他直接费

（3）临时设施费

（4）现场管理费

（5）现场经费

以上第（2）～（5）项费用通常是按照"基数×费率"计算。

（二）间接费

（1）企业管理费

（2）劳动保险费

（3）财务费用

（三）计划利润

（四）税金

间接费、利润及税金等亦按"基数×费率"计算。但基数不尽相同，计算时需注意。

三、安装工程类别划分及施工企业取费标准

(一) 安装工程类别划分

工程类别的划分应以当地主管部门的有关规定执行。表 2-1 举例为四川省的划分标准。

安装工程类别划分标准表　　　　　　　　　　　　表 2-1

一类工程	(1) 一类建筑工程的附属设备、照明、采暖、通风、给排水、煤气安装工程 (2) 各类工业设备安装及车间内工艺管道工程、非标准设备工程、单炉蒸发量 10t/h 及以上的锅炉安装及相应的管道和设备安装工程、专业筑炉工程 (3) 6kV 以上的架空线路敷设工程,220kV 以上的变配电、线路安装工程 (4) 与上述安装工程相配套的控制线路、仪器、仪表、管道和金属结构工程
二类工程	(1) 二类建筑工程的附属设备、照明、采暖、通风、给排水、煤气安装工程 (2) 单炉蒸发量 6.5t/h 及以上的锅炉安装及相应的管道设备安装工程,一般筑炉工程 (3) 6kV 以下的架空线路敷设工程,220kV 以下的变配电、线路安装工程 (4) 与上述安装工程相配套的控制线路、仪器、仪表、管道和金属结构工程
三类工程	(1) 三类建筑工程的附属设备、照明、给排水、煤气安装工程和三类及以下建筑工程的采暖、通风工程 (2) 单炉蒸发量 6.5t/h 以内的锅炉安装及相应的管道设备安装工程 (3) 与上述安装工程相配套的控制线路、仪器、仪表、管道和金属结构工程
四类工程	四类建筑工程的附属设备、照明、给排水、煤气安装工程
五类工程	五类建筑工程的附属设备、照明、给排水、煤气安装工程

(二) 施工企业工程取费级别评审条件

现以四川省施工企业对工程取费级别评审条件为例来讲述本问题,读者可根据本地区具体要求确定施工企业取费级别。

1. 一级取费

(1) 企业具有一级(全民)资质证书。

(2) 企业近 5 年来承担过两个以上一类工程。

(3) 企业参加了社会劳保统筹,退(离)休职工人数占在册职工人数 30%以上。

2. 二级取费

(1) 企业具有一级(集体)或二级(全民)资质证书。

(2) 企业近 5 年来承担过二类及其以上工程。

(3) 企业参加了社会劳保统筹,退(离)休职工人数占在册职工人数 25%以上。

3. 三级取费

(1) 企业具有二级(集体)或三级(全民)资质证书。

(2) 企业近 5 年来承担过三类及其以上工程。

(3) 企业参加了社会劳保统筹,退(离)休职工人数占在册职工人数 20%以上。

4. 四级取费

(1) 企业具有三级(集体)或四级(全民)资质证书。

(2) 企业近 5 年来承担过四类及其以上工程。

(3) 企业参加了社会劳保统筹,退(离)休职工人数占在册职工人数 10%以上。

5. 五级取费

（1）企业具有四级以下资质证书。

（2）企业近5年来承担过五类及其以上工程。

（3）企业参加了社会劳保统筹，退（离）休职工人数占在册职工人数5%以上。

6. 说明

（1）本标准只作为施工企业计取财务费用、施工利润、技术装备费、劳动保险费等的依据，不作为各级施工企业的营业范围。

（2）成立25年以上的老集体企业比照全民企业评审，成立15年以下的预算外地方全民企业比照集体企业评审。其他性质的施工企业参照本标准评审。

（3）凡不符合本条件的（2）、（3）条者，按下一级核定。

（4）本标准中"××以上"不包括"××"本身，"××以下"包括"××"本身。

四、安装工程施工图预算书的组成

（一）封面

封面是施工图预算书的首页。其上一般应标明施工单位名称、建设单位名称、工程编号、工程名称、专业名称、工程造价、编制单位、编制单位负责人、编制人、主编、审核、预算负责人、以及编制日期等。表2-2所示为常用封面之一种。

封　面　格　式 表 2-2

施 工 图 预 算 书

建设单位：

工程编号：
工程名称：
工程造价：

编制单位＿＿＿＿＿＿＿＿＿＿＿负责人＿＿＿＿＿＿

审核＿＿＿＿＿主编＿＿＿＿＿编制人＿＿＿＿＿

编制日期：　　　年　　　月　　　日

（二）安装工程预算说明书

说明书内容包括：编制依据、工程范围、未纳入施工图预算的各项因素等，如表2-3所示。

安装工程预算说明书   表2-3

（一）编制说明 ………   （二）工程范围 ………   （三）本预算未纳入因素 ………   （四）………

（三）工程量计算书

工程量计算书包括：分项工程名称、计算式、单位及其数量。其作用是便于套用定额，如表2-4所示。

工程量计算书   表2-4

工程名称：

序　号	分项工程名称	规　格	计算式	单　位	数　量
1	给水立管	DN32	$2.5+3-0.8+3+3$	m	10.7
2	……	……	……	m	

（四）工程预算书

预算书包括：定额编号、分项工程名称、定额单位、数量、单价、金额及其人工费、材料费、机械费明细表，如表2-5所示。

工程量计算书   表2-5

工程名称：

序号	定额编号	分项工程名称	工程量		价值（元）		直接费（元）			未计价材料		备注
			定额单位	数量	定额单价	金额	人工费	材料费	机械费	数量	金额	

（五）材料汇总表

材料汇总表包括：材料名称、规格、单位及其数量，如表 2-6 所示，其作用是便于建设单位向施工单位提供主要材料的指标或实物，也可供施工单位作为控制工程用料的依据。

材料汇总表　　　　　　　　　表 2-6

序　号	材料名称	规　格	单　位	数　量

（六）工料分析表

工料分析表包括：工程名称、定额编号、分项工程名称、单位、工程量、工料名称、工料用量等，见表 2-7。

工料分析表　　　　　　　　　表 2-7

工程名称：

序　号	定额编号	项目名称	单位	工料名称 工料用量 工程量		

（七）编写编制说明

见表 2-8。

编制说明　　　　　　　　　表 2-8

一、本预算编制依据
1. 施工图和说明书
2. 施工组织设计
3. ××省 2000 年安装工程单位估价表及费用定额
4. ××省材料预算价格及财差文件
二、本工程属于×类工程
三、承建单位为××企业，承包方式为××。取费类别为×类
四、其他　该工程为××楼的给排水工程，地处××市

第二节　室内给排水工程施工图的识读

给排水安装工程施工图是给排水工程设计方案的具体化、图形化的表达，它传递的是设计人员的设计意图，是施工企业组织施工、编制施工图预算的主要依据。施工图是采用规定的图例符号、绘制规则、统一的文字标注来表达实际的管路的空间走向和设备的空间位置。因此，要正确地认识给排水施工图，必须首先了解统一规定的图例符号和文字标注的具体规定，除此之外，还应了解有关的设计、施工规范等，结合施工现场多看、多想，培养良好的看图习惯和空间想象能力，自然就能熟能生巧。

一、给排水施工图常用图例符号

在识读给排水施工图之前，首先应了解并熟记有关图例符号，这样才能准确、迅速地看懂施工图纸，编制预算时才可能做到有条不紊，不多算也不漏算，保证施工图预算的准确性，为组织施工的后续工作打好基础。给排水施工图常用图例符号见表2-9。

给排水管道施工图常用图例   表2-9

序号	名 称	图 例	序号	名 称	图 例
1	给水管		15	洗脸盆	
2	排水管		16	浴 盆	
3	存水弯		17	盥洗槽	
4	检查口		18	污水池	
5	清扫口		19	妇女卫生盆	
6	通气帽		20	挂式小便器	
7	雨水斗		21	蹲式大便器	
8	圆形地漏		22	坐式大便器	
9	闸 阀		23	小便槽	
10	截止阀		24	淋浴喷头	
11	球 阀		25	离心水泵	
12	止回阀		26	放水龙头	
13	浮球阀		27	室内消火栓	单口 双口
14	旋塞阀		28	水泵结合器	

注：本书由于篇幅所限只摘录了一些常用的图例符号，如果读者想了解更多可参阅《给水排水制图标准》（GB/T 50106—2001）。

二、给排水安装工程施工图

给排水安装工程施工图主要有平面图、系统图、相关标准图、设计施工说明、材料表等。

（一）设计（施工）说明

包括设计内容及必要的数据；材料的种类；管道的连接方式；阀门型号；除锈刷油要求、保温或防结露做法；卫生洁具的种类及型号；试压要求及验收标准，或有某些特殊要求需要说明；消火栓安装方式等。

（二）平面图所包含的内容

（1）给水干管进户点和用水设备以及管道的平面布置、设备数量。

（2）排水设备和管道的平面布置和设备数量。排水干管出户点及排水方式。

（3）给水管网的走向和用水设备用水供给任务的区分。

（4）管径、坡度、定位尺寸等。

（三）系统图所表达的工程内容

（1）给水管道系统的区分和相互间的关系。管道标高、管径、阀门的位置、标高、数量。用水设备的规格、型号和数量。

（2）排水管道系统的区分和相互间的关系。排水管道的规格、标高。排水设施的数量和相互间的关系。

（3）系统图能反映管道及设备的真实空间走向，同时能反映出建筑物的层高或地面的标高。

（四）详图

（1）详图是表示某些设备或管道连接点的详细构造及安装要求。

（2）当较复杂的卫生间、多组合不同的卫生间、给水泵房、排水泵房、气压给水设备、水箱间等设备的平面布置不能清楚地表达时，可辅以局部放大比例的大样图来表示。对局部放大的平面图还可用多个剖面图来补充其立体的布置形状。

（3）当所需表示的详图采用标准图集中的统一做法时，可以不必绘制，只需在说明上指出相关标准图的图号即可，施工人员可以从标准图集中查阅使用。

三、阅图实例练习

图 2-1、图 2-2 和图 2-3 是某宿舍楼给排水平面布置图和系统图。下面就用前面所学的知识阅读一下该图所表达的工程内容。

（一）说明

（1）本设计为某校学生宿舍楼给排水设计，考虑外网压力有时不足，设屋顶水箱一个，冲压成品水箱，$6m^3$ 容积。

（2）给水管材采用热浸镀锌钢管，螺纹连接，系统打压合格后刷面漆一道。

（3）排水管道采用离心排水铸铁管，承插连接，石棉水泥打口。除锈合格后明装部分刷防锈漆一道，面漆两道，埋地部分刷沥青漆两道。

（4）大便器采用蹲式高水箱大便器，男厕所设小便槽。排水管道采用标准坡度。

（5）本说明未尽之处，均按国家有关施工验收规范执行，本设计相关标准图集号：98S1、98S2。

（二）给排水平面图

从图 2-1 可以看出以下几点：

（1）给水管道进户点

该宿舍楼的给水引入管从左侧房间的基础墙进户，再穿过横墙到一层男厕，然后水平向右，又分出三个给水支管供给男厕、女厕用水。

（2）用水房间、用水设备、卫生设施的平面位置和数量

该宿舍楼共三层，每层设男、女厕各 1 个。在男厕的前室设 1 个盥洗槽，1 个拖布池，女厕也设有 1 个拖布池。盥洗槽上设水嘴 2 个，拖布池设水嘴 1 个，则整个宿舍楼盥

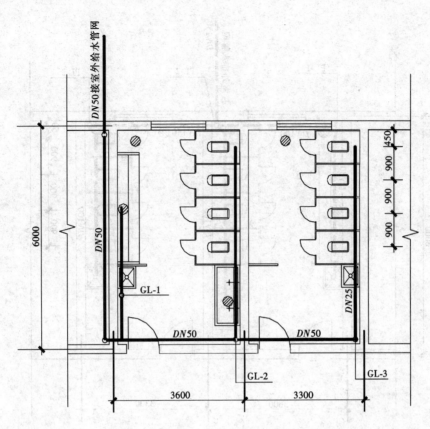

图 2-1 一层给水平面图

洗室共有水嘴 $2 \times 3 = 6$ 个，拖布池共有 $2 \times 3 = 6$ 个，水嘴 6 个。男、女厕各设蹲式大便器 4 个，则整个宿舍楼共有蹲式大便器 $(4 + 4) \times 3 = 24$ 个。男厕另设小便槽 1 个，每个小便槽设冲洗管一根，整个宿舍楼共有小便槽冲洗管 $1 \times 3 = 3$ 根。

（3）排水方式和排水出户点

从图 2-1、图 2-2 我们可以看出：污水由一根总管（排出管）排出。女厕的污水通过排水横管首先汇集于男厕，再经埋设在底层男厕的排出管穿基础排出。

（4）排水设施的位置和数量

地漏：每层有地漏 2 个，男厕 1 个、女厕 1 个，共有 $2 \times 3 = 6$ 个。排水栓：每层盥洗槽有 1 个，男厕拖布池有 1 个，女厕拖布池有 1 个，共有 $3 \times 3 = 9$ 个。扫除口：每层男厕有 1 个，女厕有 1 个，共有 $2 \times 3 = 6$ 个。

（三）给排水系统图

在识读给水系统图时，要从给水引入管开始，沿水流方向，经干管到支管直到各用水设备。识读排水系统图时，则由排水设备开始，沿水流方向经支管到干管，直至排出管。上面我们阅读了平面图，知道了该宿舍楼用水设备、排水设施的平面布置和数量，以及管网的走向和布置等工程内容。但是用水设备、排水设施、管道的规格、标高等情况，在平面图上不易看出。还需配合系统图加以判断。

1. 给水管道系统图所表示的工程内容

图 2-3 是该宿舍楼给水管道系统图。从图中可知：引入管为 $DN50$ 的镀锌钢管，埋地

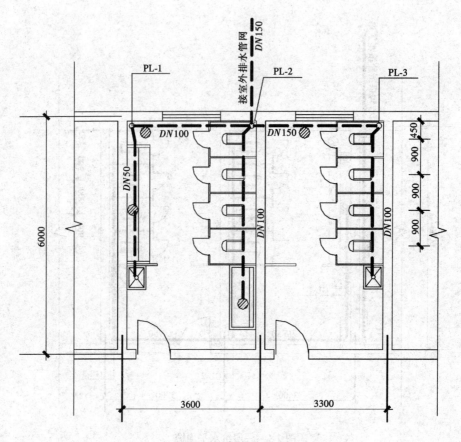

图 2-2　一层排水平面图

穿墙进入室内；引入管在建筑物外的埋地深度为 −1.80m，进入建筑物后，标高上升到
−0.75m，接室内水平给水干管（该给水系统采用下行上给的给水方式），水平干管标高
为 −0.30m，水平干管穿过各横墙进入男、女厕，向 JL-1、JL-2、JL-3 三根立管供水。

（1）JL-1 立管

垂直向上直至三楼，JL-1 立管管径一楼为 *DN*25、二楼为 *DN*20、三楼为 *DN*15，在一
楼设置了 1 个控制阀门。立管上每层分出一条 *DN*15 的水平支管，向各层男厕的拖布池和
小便槽供水，每个拖布池设 *DN*15 水嘴 1 个，共 3 个。每根支管上均设 *DN*15 阀门一个，
*DN*15 水嘴 1 个，共有阀门（*DN*15）1×3 = 3 个，*DN*15 水嘴 1×3 = 3 个。在此支管上还接
有一小便槽冲洗管，供男厕小便池冲洗用水，直径为 *DN*15，同时设 *DN*15 阀门 1 个。

（2）JL-2 立管

通过支管向各层的男厕的盥洗槽和高位水箱蹲式大便器供水，支管上共有高瓷水箱 4
×3 = 12 个，盥洗槽一个，有 *DN*15 水嘴 2 个，该立管同时还要向（考虑到水压周期性不
足时而设置的）屋顶水箱供水，其管径均为 *DN*50，并在底层设一个 *DN*50 的控制阀门。

（3）JL-3 立管

其管径一楼、二楼为 *DN*32，三楼为 *DN*25，在一楼设置了 1 个 *DN*32 控制阀门。立管
上每层分出一条 *DN*25 的水平支管，向各层的拖布池、高位水箱蹲式大便器供水，每根支
管上均设 *DN*25 阀门 1 个，共有阀门（*DN*25）1×3 = 3 个，每个拖布池设 *DN*15 水嘴 1 个，

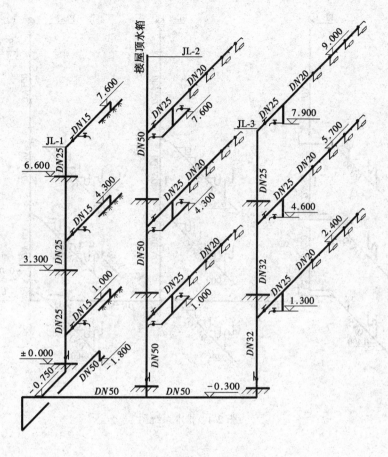

图 2-3　给水管道系统图

共有 $DN15$ 水嘴 $1 \times 3 = 3$ 个。

2. 排水管道系统图所表示的工程内容

图 2-4 是排水管道系统图，从图中知：该宿舍楼排水分为三根立管，一个排出口。排水方式为合流制。

排出管管径为 $DN150$，设在男厕内，埋深为 −1.50m。排水干管埋设在底层，分为两段，男厕部分为 $DN100$，女厕部分为 $DN150$，埋深为 −0.90m。

PL-1 立管为 $DN50$ 的排水铸铁管，上设通气帽 1 个，在二层设检查口一个，安装高度为 1.00m，同时每层都设有清扫口 1 个。每层楼排水横管均为 $DN50$ 的排水铸铁管，其上连接排水栓 1 个，地漏 2 个。第一层排水横管埋深 −0.40m。

PL-2 立管为 $DN100$ 的排水铸铁管，上设通气帽 1 个，在二层设检查口一个，安装高度为 1.00m，在每层设清扫口 1 个，每层楼的排水横管均为 $DN100$ 铸铁管，其上连接排水栓 1 个，接蹲式大便器 P 型存水弯 4 个。第一层排水管埋深 −0.4m，其余各层均安装在楼板下。

PL-3 立管为 $DN150$ 的排水铸铁管，上设通气帽 1 个，在二层设检查口一个，每层排水横管均为 $DN100$ 的排水铸铁管，分别连接 4 个高位水箱蹲式大便器、1 个地漏和 1 个排水栓（拖布池），在每层设清扫口 1 个。第一层排水管埋深 0.4m。其余各层均装在楼板

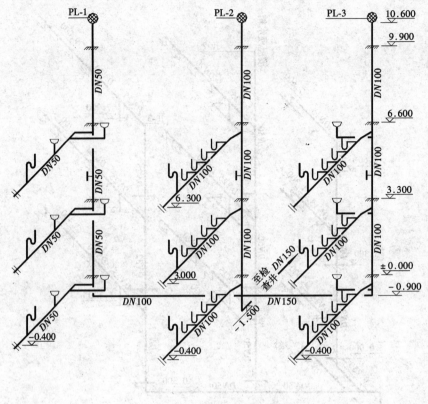

图 2-4　排水系统图

下。

第三节　工程量计算规则

工程量计算总的顺序：由给水引入管（排水排出口）起，先算主管（水平干管、立管），后算支管；先算给水，后算排水；先算设备，后算附件。

计算要领：以建筑平面特点为依据划片计算。以施工图中的各立管系统为单元计算，先计算出各层管道系统的工程量，然后把它们相加即为该立管系统的工程量；用管道平面图的建筑物轴线尺寸和设备的尺寸及位置尺寸为参考计算水平管长度；以管道系统图、剖面图的标高算立管长度。

一、管道安装

（1）各种管道，均以施工图所示中心长度，以"m"为计量单位，不扣除阀门、管件（包括减压器、疏水器、水表、伸缩器等组成安装）所占的长度。

1）室内、外给水管道界线的划分：入口处阀门井或外墙皮 1.5m 处。

2）室内、外排水管道界线的划分：以外墙皮 1.5m 处，或以第一个接排出管的检查井为界。

（2）镀锌薄钢板套管制作以"个"为计量单位，其安装已包括在管道安装定额内，不得另行计算。

(3) 管道支架制作安装，室内螺纹连接公称直径 32mm 以下的管道安装工程已包括在内，不得另行计算。公称直径 32mm 以上的，可另行计算。

(4) 各种伸缩器制作安装，均以"个"为计量单位。方形伸缩器的两臂，按臂长的两倍合并在管道长度内计算。

(5) 管道消毒、冲洗、压力试验，均按管道长度以"m"为计量单位，以直径大小为档次，不扣除阀门、管件所占的长度。

1) 室内给水钢管除锈、刷油工程量均以管道展开表面积计算工程量，可按下式计算，以"m²"为单位计算。

$$F = \pi DL$$

式中　F——管道展开面积，m²；

D——钢管外径，m；

L——钢管长度，m。

2) 室内给水铸铁管除锈、刷油工程量均以管道展开表面积计算工程量，可按下式计算，以"m²"为单位计算。

$$F = 1.2\pi DL$$

式中　F——管外壁展开面积，m²；

D——管外径，m；

L——管长度（计算的管道安装工程量），m；

1.2——承插管道承头增加面积系数。

需要指出的是，各种管道的刷油面积、保温材料体积、保护层刷油面积、常用支架质量计算等均有现成的表格可供查取，此类资料可自行收集备用，本书中表 3-2 ~ 表 3-6 给出部分资料以供使用。

二、阀门、水位标尺安装

(1) 各种阀门安装均以"个"为计量单位。法兰阀门安装，如仅为一侧法兰连接时，定额所列法兰、带帽螺栓及垫圈数量减半，其余不变。

(2) 各种法兰连接用垫片，均按石棉橡胶板计算，如用其他材料，不得调整。

(3) 法兰阀（带短管甲乙）安装，均以"套"为计量单位，如接口材料不同时，可作调整。

(4) 自动排气阀安装以"个"为计量单位，已包括了支架制作安装，不得另行计算。

(5) 浮球阀安装均以"个"为计量单位，已包括了联杆及浮球的安装，不得另行计算。

(6) 浮标液面计、水位标尺是按国标编制的，如设计与国标不符时，可作调整。

三、低压器具、水表组成与安装

(1) 减压器、疏水器组成安装以"组"为计量单位，如设计组成与定额不同时，阀门和压力表数量可按设计用量进行调整，其余不变。

(2) 减压器安装按高压侧的直径计算。

(3) 法兰水表安装以"组"为计量单位，定额中旁通管及止回阀如与设计规定的安装形式不同时，阀门及止回阀可按设计规定进行调整，其余不变。

四、卫生器具制作安装

1. 洗脸盆的安装

按不同种类，区分冷水或热水、钢管或铜管镶接，分别以"10组"为单位计算工程量。每"组"工程量计算位置如图2-5中虚线所示。未计价材料包括：盆具、开关铜活及排水配件、铜活。

2. 浴盆安装

不包括支座和四周侧面的砌砖及瓷砖粘贴，应按土建定额计算。按冷、热水，有无喷头等不同情况，分别以"10组"为单位计算其工程量。每"组"工程量计算的具体位置如图2-6中虚线所示。未计价材料包括：浴盆、冷热水嘴、排水配件、蛇形管带喷头、喷头卡架和喷头挂钩等。

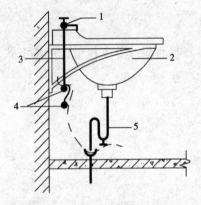 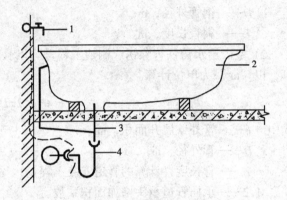

图2-5　洗脸盆工程量计算位置　　　图2-6　浴盆工程量计算位置
1—立式水嘴；2—洗脸盆；3—支管；　　1—浴盆水嘴；2—浴盆；3—浴盆
4—冷热水管；5—S形存水弯　　　　　　排水配件；4—存水弯

3. 蹲式大便器安装

已包括了固定大便器的垫砖，但不包括大便器蹲台砌筑。蹲式大便器，根据冲洗方式（瓷高水箱、普通冲洗阀、手押阀冲洗），未计价材料包括：大便器、手押阀或延时自闭式冲洗阀。坐式大便器按钢管镶接、铜管镶接，分别以"10组"为单位计算工程量，工程量计算位置如图2-7、图2-8中虚线位置所示，未计价材料包括：坐式大便器(带盖)、铜活。

4. 小便槽

其自动冲洗水箱安装以"套"为计量单位，已包括了水箱托架的制作安装，不得另行计算。冲洗管按公称直径分别以"m"为单位计算，不包括阀门安装，其工程量可按相应定额另行计算。见图2-9。

5. 立式小便器

以"组"为单位计量。未计价材料包括：小便器、瓷质高水箱、铜活全套。安装范围见图2-10中虚线所示。未计价材料包括：小便器、瓷质高水箱、铜活全套。

6. 挂式小便器

其安装以"组"为单位计算，安装范围如图2-11所示。未计价材料：小便器、铜活全套。高水箱三联挂式小便器安装，以"组"为单位计量，安装范围如图2-12中虚线所示。未计价材料包括：小便器3个、瓷质高水箱1套、铜活全套。

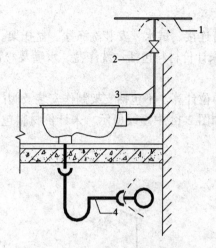

图 2-7　蹲式大便器工程量计算位置
1—水平管；2—DN20 普通冲洗阀；
3—DN15 冲洗管；4—DN100 存水弯

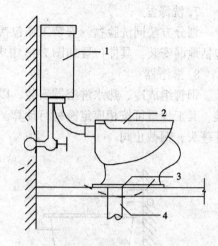

图 2-8　坐式大便器工程量计算位置
1—水箱；2—坐式便器；
3—油灰；4—φ100 铸铁管

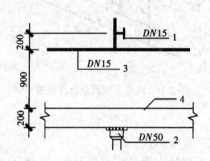

图 2-9　小便槽工程量计算位置
1—DN15 截止阀；2—DN50 地漏；
3—DN15 多孔冲洗管；4—小便槽踏步

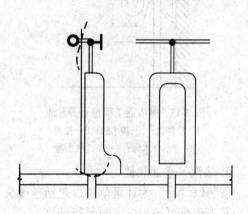

图 2-10　立式小便器工程量计算位置

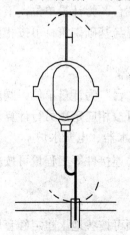

图 2-11　挂式小便器
工程量计算位置

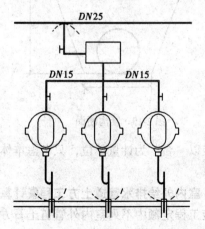

图 2-12　高水箱三联挂式
小便器工程量计算位置

7. 洗涤盆

划分方法同洗脸盆。安装工作包括：上下水管连接、试水、安装洗涤盆、盆托架。不包括地漏安装。具体位置如图 2-13 中虚线所示。未计价材料包括：洗涤盆、水嘴及弯管。

8. 淋浴器

钢管组成冷、热水淋浴器安装，以"组"为单位计算。不包括支架制作安装及阀门安装，其工程量可按相应定额另行计算。安装范围如图 2-14 中虚线所示。未计价材料包括：莲蓬头、铜截止阀。

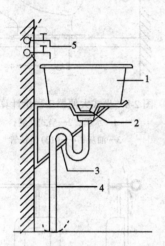

图 2-13　淋浴器工程量计算位置

1—洗涤盆；2—排水拴；3—托架；

4—S 形存水弯；5—冷、热水嘴

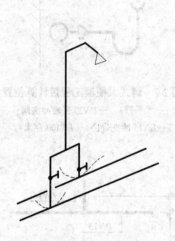

图 2-14　洗涤盆工程量计算位置

9. 蒸汽—水加热器

安装以"台"为计量单位，包括莲蓬头安装，不包括支架制作安装及阀门、疏水器安装，其工程量可按相应定额另行计算。

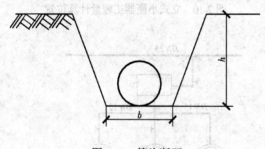

图 2-15　管沟断面

10. 容积式水加热器

安装以"台"为计量单位，不包括安全阀安装、保温与基础砌筑，可按相应定额另行计算。

11. 饮水器

安装以"台"为计量单位，阀门和脚踏开关工程量可按相应定额另行计算。

12. 电热水器、电开水炉

安装以"台"为计量单位，只考虑本体安装，连接管、连接件等工程量可按相应定额另行计算。

五、室内外给排水管道土方工程量计算

安装工程定额中不列室内外管道土石方定额，此项定额可按各地土建定额套用，工程量可参照下述方法计算。

1. 管沟挖方量计算

管沟断面如图 2-15 所示，按下式计算：

$$V = h\,(b + 0.3h)\,l$$

式中　　h——沟深，m，按设计管底标高计算；

　　　　b——沟底宽，m；

　　　　l——沟长；

　　0.3——放坡系数。

沟底宽有设计尺寸时，按设计尺寸取值，无设计尺寸时，可按表 2-10 取值。计算管沟土石方量时，各种检查井和排水管道的接口处应加宽，而多挖的土石方工程量不增加。但铸铁给水管道接口处操作坑工程量应增加，按全部给水管沟土石方量的 2.5% 计算增加量。

管 道 沟 底 宽 取 值　　　　　　　　　　　　　　表 2-10

管径 DN（mm）	铸铁、钢、石棉水泥管道沟底宽（m）	混凝土、钢筋混凝土管道沟底宽（m）
50 ~ 75	0.60	0.80
100 ~ 200	0.70	0.90
250 ~ 350	0.80	1.00
400 ~ 450	1.00	1.30
500 ~ 600	1.30	1.50
700 ~ 800	1.60	1.80
900 ~ 1000	1.80	2.00

2. 管沟回填土工程量

（1）$DN500$ 以下的管沟回填土方量不扣除管道所占体积；

（2）$DN500$ 以上的管沟回填土方量按表 2-11 所列数值扣除管道所占体积。

管道占回填土方量扣除表　　　　　　　　　　　　表 2-11

管径 DN（mm）	钢管管道占回填土方量（m³/m）	铸铁管管道占回填土方量（m³/m）	混凝土、钢筋混凝土管道占回填土方量（m³/m）
500 ~ 600	0.21	0.24	0.33
700 ~ 800	0.44	0.49	0.60
900 ~ 1000	0.71	0.77	0.92

第四节　施工图预算编制实例

一、施工图预算编制步骤

安装工程施工图预算的编制步骤通常应遵循以下步骤：

（一）资料准备

（1）施工图纸、相关标准图集和设备本体安装图。

（2）相关预算定额及材料预算价格表（包括材差调整文件）。

（3）本地取费标准和计算程序（费用定额）。

（4）《工程量计算规则》及《定额解释汇编》。

27

（5）施工方法及技术措施。

（6）相关施工验收规范。

（7）有关合同条款、招标文件。

（8）有关产品样本和材料手册。

（二）熟悉并会审图纸

（三）熟悉相关预算定额

（四）划分和排列工程项目（列项）

一般情况下，列项内容应是工程实际中所发生的，且定额中予以列出的。有些内容（如打堵洞眼）实际中发生，但预算定额中并未单独列项（该工作已包含在管道安装中），则列项时就不可列出。

（五）逐项计算工程量

工程量是指按统一规则计算的各分项工程项目按型号规格分列的实物量。绝不是简单意义上的实物量。

（六）计算定额直接费

（1）直接套定额计算定额直接费。

（2）按规定系数（如脚手架搭拆，系统调整等）计算定额直接费。

有些工程费用不宜由工程量直接套定额计算，而是按照定额中的规定系数和方法进行计算，然后再按定额中的规定归入直接费中。主要有以下几项费用涉及到系数计算：

1）高层建筑增加费；

2）超高增加费，包括设备超高与操作超高两种情况；

3）设备与管道间，管廊内的管道，阀门、支架等安装增加费；

4）主体为现场浇筑混凝土时的预留孔洞配合人工增加费；

5）安装工程的脚手架搭拆及摊销费；

6）采暖工程、通风空调工程系统调整费；

7）安装与生产同时进行的增加费；

8）在有害身体健康环境中施工降效的增加费；

9）特殊地区或特殊条件下施工增加费。

对上述九项按规定系数计算的费用在计算时要注意以下几点：

1）前四项为子目系数，而后五项为综合系数。子目系数是综合系数的计费基础，计算时先分别计算所发生的各子目系数增加费用，并先进行归类，小计，然后在此基础上再分别计算所发生的各个综合系数增加费。

2）计算各项增加费时，一定要按各册预算定额说明的规定进行。要明确每项费用计算的系数、基数及增加费归类。例如，八册定额中的高层建筑增加费，其系数是按层数（大于六层）查取，其计算基数是该册人工，计算出的增加费应按该册说明归入人工费和机械费中（采暖工程、给排水工程等归类比例不尽相同。参照该册说明）。而八册系统调整费的系数是 0.15，基数是该册人工费（包括应计算的子目系数增加部分），所计算出的增加费中 20%归入人工费中，其余 80%归入材料费。

将本工程的定额直接费计算完毕并合计后，即可进行下一步的取费计算。

（七）计算各项取费、汇总预算造价

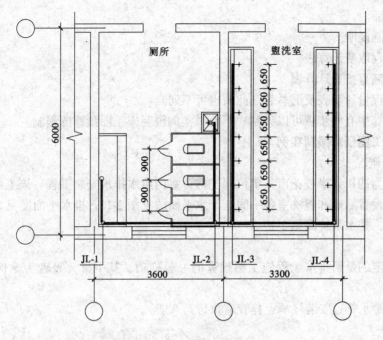

图 2-16 给水平面图

（八）编写施工图预算的编制说明

（九）装订成册

预算书装订顺序如下：

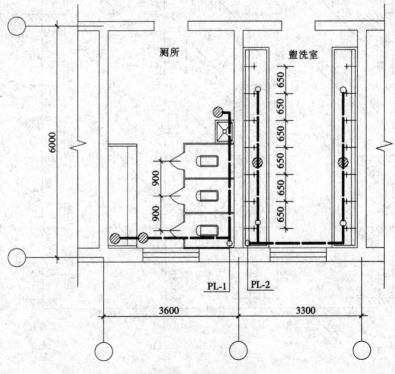

图 2-17 排水平面图

(1) 封面。

(2) 编制说明。

(3) 工程取费计算表。

(4) 定额直接费计算表。

(5) 工程量计算表及汇总表（此项也可不列）。

实际计算中有些步骤可以省略，下面举实例说明施工图预算的编制。

二、施工图预算编制实例

1. 工程概况

本工程为四川省攀枝花市某单位职工宿舍室内给水排水安装工程。该工程为 5 层砖混结构，每层设置厕所和盥洗室各一间，给水平面图见图 2-16，排水平面图见 2-17，给水系统图见 2-18，排水系统图见 2-19。

2. 列项

下面给定的是给排水工程施工图预算的一般列项。其中带 ＊ 号者为本例所涉及的内容。

(1) ＊给水管道安装（消火栓管道执行第八册）。

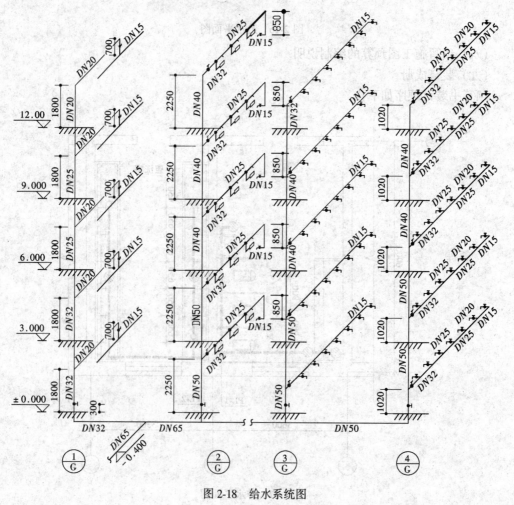

图 2-18　给水系统图

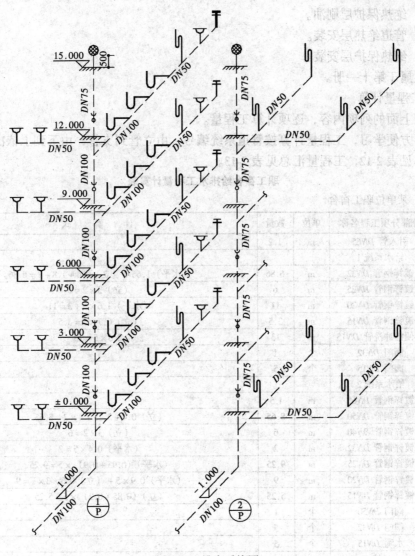

图 2-19 排水系统图

(2) ＊管道支架安装。

(3) ＊管道消毒冲洗。

(4) ＊阀门安装。

(5) 水表组成安装、水箱制安。

(6) 套管制安（热水系统或设计要求）。

(7) ＊排水管道安装。

(8) ＊卫生器具安装。

(9) ＊地漏安装。

(10) 地面清扫口安装。

(11) 消火栓安装、消防水泵结合器安装（属于第七册）。

(12) ＊管道除锈刷油（明装、暗装、埋地）。

(13) ＊支架除锈刷油。

（14）绝热保护层刷油。

（15）管道绝热层安装。

（16）绝热保护层安装。

以上属于第十一册。

3. 工程量计算

按照上面的列项内容，逐项计算工程量。

为了方便学习，工程量计算按管道系统编号，由立管到支管，由下到上依次进行。工程量计算见表2-12，工程量汇总见表2-13。

职工宿舍给排水工程量计算表　　　　　　　　　　　表 2-12

工程名称：某单位职工宿舍

顺序	分部分项工程名称	单位	数量	计　算　式
一	引入管 DN65	m	1.2	
二	给水系统 1			
1	镀锌钢管 DN32	m	6.86	（水平）1.66 +（立）0.4 + 1.8 + 3 = 6.86
2	镀锌钢管 DN25	m	6	（立）3×2 = 6
3	镀锌钢管 DN20	m	11	（水平）1.6×5 + 3 = 11
4	镀锌钢管 DN15	m	3.5	（立）0.7×5 = 3.5
5	小便槽冲洗管 DN15	m	13	2.6×5 = 13
6	阀门 DN32	个	1	
7	阀门 DN15	个	5	
三	给水系统 2			
1	镀锌钢管 DN65	m	1.5	
2	镀锌钢管 DN50	m	8.65	（立）0.4 + 2.25 + 3×2 = 8.65
3	镀锌钢管 DN40	m	6	（立）3×2 = 6
4	镀锌钢管 DN32	m	2	（水平）0.4×5 = 2
5	镀锌钢管 DN25	m	9.25	（水平）（0.95 + 0.9）×5 = 9.25
6	镀锌钢管 DN20	m	9	（水平）0.9×5 +（立）0.3×3×5 = 9
7	镀锌钢管 DN15	m	5.25	（立）（0.85 + 0.2）×5 = 5.25
8	阀门 DN50	个	1	
9	阀门 DN32	个	5	
10	水嘴 DN15	个	5	
四	给水系统 3、4			
1	镀锌钢管 DN50	m	18.14	（水平）0.44 + 2.86 +（立）（0.4 + 1.02 + 3×2）×2 = 18.14
2	镀锌钢管 DN40	m	12	（立）3×2×2 = 12
3	镀锌钢管 DN32	m	17.5	（水平）（0.45 + 0.65×2）×5×2 = 17.5
4	镀锌钢管 DN25	m	13	（水平）0.65×2×5×2 = 13
5	镀锌钢管 DN20	m	6.5	0.65×2×5 = 6.5
6	镀锌钢管 DN15	m	20.5	（水平）（0.65 + 0.2×7）×5×2 = 20.5
7	阀门 DN50	个	2	
8	阀门 DN32	个	10	
9	水嘴 DN15	个	70	7×5×2 = 70
五	排水系统 1			
1	铸铁排水管 DN100	m	40.9	（水平）1.3 +（立）1 + 3×4 +（水平）（0.5 + 0.95 + 0.9）×5 +（存水弯）（0.49 + 0.5）×3×5 = 40.9
2	铸铁排水管 DN80	m	4	0.5 + 3 + 0.5 = 4
3	铸铁排水管 DN50	m	37.5	（3.2 + 0.9 + 0.35 + 0.25 + 0.5×4 + 0.8）×5 = 37.5

顺序	分部分项工程名称	单位	数量	计　　算　　式
4	蹲式瓷高水箱大便器	组	15	$3 \times 5 = 15$
5	地漏 DN50	个	15	$3 \times 5 = 15$
6	扫除口 DN50	个	5	
7	排水栓带存水弯 DN50	组	5	
六	排水系统2			
1	铸铁排水管 DN100	m	2.3	（水平）1.3 +（立）1 = 2.3
2	铸铁排水管 DN80	m	17.4	（立）$3 \times 5 + 0.4 + 0.5 +$（水平）$0.3 \times 5 = 17.4$
3	铸铁排水管 DN50	m	71.1	$[(0.72 + 1.5 \times 2) \times 2 + 0.4 \times 4 + 0.52 \times 4 + 0.3 + 2.8] \times 5 = 71.1$
4	地漏 DN50	个	10	$2 \times 5 = 10$
5	扫除口 DN50	个	5	
6	排水栓带存水弯 DN50	组	20	$4 \times 5 = 20$
七	铸铁管刷油			$\pi \times$ 外径 $\times$ 长度
1	DN100	m²	14.92	$3.14 \times 0.11 \times 43.2 = 14.92$
2	DN80	m²	5.71	$3.14 \times 0.085 \times 21.4 = 5.71$
3	DN50	m²	20.46	$3.14 \times 0.06 \times 108.6 = 20.46$

工 程 量 汇 总 表　　　　　　　　　　　　　　　　表 2-13

工程名称：某单位职工宿舍

序号	单项工程名称	单　位	工程量
一	室内镀锌钢管螺纹连接		
1	DN15：3.5 + 5.25 + 20.5	m	29.25
2	DN20：11 + 9 + 6.5	m	26.50
3	DN25：6 + 9.25 + 13	m	28.25
4	DN32：6.86 + 2 + 17.5	m	26.36
5	DN40：6 + 12	m	18.00
6	DN50：8.65 + 18.14	m	26.79
7	DN65：1.2 + 1.5	m	2.70
二	承插铸铁排水管石棉水泥接口		
1	DN50：37.5 + 71.1	m	108.60
2	DN80：4 + 17.4	m	21.40
3	DN100：40.9 + 2.3	m	43.20
三	螺纹阀门安装		
1	DN15：5	个	5
2	DN32：1 + 5 + 10	个	16
3	DN50：1 + 2	个	3
四	DN15 水龙头安装：5 + 70	个	75
五	蹲式瓷高水箱大便器安装	组	15
六	小便槽冲洗管制作、安装 DN15	m	13
七	排水柱带存水弯安装 DN50：5 + 20	组	25
八	地漏安装 DN50：15 + 10	个	25
九	扫除口安装 DN50：5 + 5	个	10
十	铸铁管刷油 14.92 + 5.71 + 20.46	m²	41.09

4．编制说明

（1）编制依据。其包括施工图、有效施工合同、使用定额、材料价格，以及有关的文件、说明等。

（2）其他说明。应说明编制的范围，施工组织设计的情况，编制中未考虑的工程量，未考虑的费用情况，建议处理的意见等。

该工程的编制说明见表 2-14。

编 制 说 明　　　　　　　　　　　　表 2-14

施工图号	见图 2-16、图 2-17、图 2-18、图 2-19
合　同	2002—××—××××
使用定额	全国统一安装工程预算定额（第八册）给排水、采暖、燃气工程 GYD—208—2000 四川省建设工程费用定额
材料价格	××市常用建筑材料预算价格（1998）
其　他	全国统一安装工程量计算规则、定额解释汇编等

　　说明：1. 本预算包括全部给排水工程，不包括管沟挖填土方，土方工程由土建工程一同计算。

　　　　　2. 施工企业为二级取费证，工程为四类工程，建设地点在市区，距驻地 25km 以内，该地区为七类工资区。

　　　　　3. 本预算未包括材料调差和机械费调整。

　　　　　4. 本预算未包括按规定允许按实计算的费用，发生时在结算时计算。

　　　　　5. 本预算仅为学习参考，如有出入，以造价部门解释为准。

5. 工程造价计算

工程造价计算包括工程计价表，见表 2-15；未计价材料计价表，见表 2-16；工程费用计算表，见表 2-17。

给 排 水 工 程 计 价 表　　　　　　　表 2-15

工程名称：某单位职工宿舍

定额编号	单项工程名称	单位	工程量	单 价（元）				合 价（元）			
				人工费	材料费	机械费	基价	人工费	材料费	机械费	合计
8—87	室内镀锌钢管螺纹连接 DN15	10m	2.93	42.49	22.96	—	65.45	124.49	67.27	—	191.76
8—88	室内镀锌钢管螺纹连接 DN20	10m	2.65	42.49	24.23	—	66.72	112.59	64.20	—	176.80
8—89	室内镀锌钢管螺纹连接 DN25	10m	2.83	51.08	30.80	1.03	82.91	144.55	87.16	2.91	234.63
8—90	室内镀锌钢管螺纹连接 DN32	10m	2.64	51.08	33.45	1.03	85.56	134.85	88.30	2.71	225.87
8—91	室内镀锌钢管螺纹连接 DN40	10m	1.80	60.84	31.38	1.03	93.25	109.51	56.48	1.85	167.85
8—92	室内镀锌钢管螺纹连接 DN50	10m	2.68	62.23	45.04	2.86	110.13	166.77	120.70	7.66	295.14
8—93	室内镀锌钢管螺纹连接 DN65	10m	0.27	63.62	53.92	4.11	121.65	17.17	14.55	1.10	32.84
8—138	室内铸铁排水管石棉水泥接口 DN50	10m	10.86	52.01	87.24	—	139.25	564.82	947.42	—	1512.25
8—139	室内铸铁排水管石棉水泥接口 DN75	10m	2.14	62.23	199.51	—	261.74	133.17	426.95	—	560.12

定额编号	单项工程名称	单位	工程量	单 价（元）				合 价（元）			
				人工费	材料费	机械费	基价	人工费	材料费	机械费	合计
8—140	室内铸铁排水管石棉水泥接口 DN100	10m	4.32	80.34	298.34	—	378.68	347.06	1288.82	—	1635.89
8—241	螺纹阀门安装 DN15	个	5	2.32	2.11	—	4.43	11.6	10.55	—	22.15
8—244	螺纹阀门安装 DN32	个	16	3.48	5.09	—	—	55.68	81.44	—	137.12
8—246	螺纹阀门安装 DN50	个	3	5.80	9.26	—	—	17.4	27.78	—	45.18
8—438	水龙头安装 15	10个	7.5	6.50	0.98	—	7.48	48.75	7.35	—	56.1
8—407	蹲式瓷高水箱大便器安装	10组	1.5	224.31	809.08	224.31	809.08	336.46	1213.62	336.46	1886.55
8—456	小便槽冲洗管制作、安装 DN15	m	1.3	150.70	83.06	12.48	246.24	195.91	107.97	16.22	320.11
8—443	排水栓带存水弯安装 DN50	10组	2.5	44.12	77.29	—	121.41	110.30	193.22	—	303.52
8—447	地漏安装 DN50	10个	2.5	37.15	18.73	—	55.88	92.87	46.82	—	139.70
8—451	扫除口安装 DN50	10个	1.0	17.41	1.36	—	18.77	17.41	1.36	—	18.77
8—231	管道消毒、冲洗 <DN100	100m	1.58	15.79	13.47	—	29.26	24.94	21.28	—	7962.41
	小 计							2766.38	4873.32	368.95	7962.42
	脚手架搭拆	2766.38×5%（见注）					34.58		138.32		
11—66 11—67	铸铁管刷沥青漆两遍	10m²	4.11	12.77	2.91	—	15.68	52.48	11.96	—	64.44
	合 计							2818.86	4885.28	386.95	8026.86

注：脚手架搭拆费按人工费的5%计算，其中人工工资占25%，其余归入材料费中。

给排水工程未计价材料计价表　　　　　　　　表 2-16

工程名称：某单位职工宿舍

定额编号	单项工程名称	单位	工程量	材料名称及规格	单位	单位量	合计量	单价（元）	合价（元）
	室内镀锌钢管螺纹连接								
8—87	DN15	10m	2.93	镀锌钢管 DN15	m	10.20	29.89	5.00	149.45
				接头零件	个	16.37	47.96	1.47	70.50
8—88	DN20	10m	2.65	镀锌钢管 DN20	m	10.20	27.03	6.52	176.24
				接头零件	个	11.52	30.53	1.72	52.51
8—89	DN25	10m	2.83	镀锌钢管 DN25	m	10.20	28.87	9.68	279.46
				接头零件	个	9.78	27.68	2.03	56.19
8—90	DN32	10m	2.64	镀锌钢管 DN32	m	10.20	26.93	11.89	320.20

定额编号	单项工程名称	单位	工程量	材料名称及规格	单位	单位量	合计量	单价（元）	合价（元）
				接头零件	个	8.03	21.20	2.94	62.33
8—91	DN40	10m	1.80	镀锌钢管 DN40	m	10.20	18.36	14.59	267.87
				接头零件	个	7.16	12.89	4.77	61.49
				型钢支架	kg	3.35	6.03	4.80	28.94
8—92	DN50	10m	2.68	镀锌钢管 DN50	m	10.20	27.34	18.54	506.88
				接头零件	个	6.51	17.45	7.68	134.02
				型钢支架	kg	5.25	14.07	4.80	67.54
8—93	DN65	10m	0.27	镀锌钢管 DN65	m	10.20	2.75	25.32	69.63
				接头零件	个	4.25	1.15	10.59	12.18
				型钢支架	kg	6.20	1.67	4.80	8.02
	室内铸铁排水管安装								
8—138	DN50	10m	10.86	承插铸铁排水管	m	8.80	95.57	13.86	1324.60
				接头零件	个	6.57	71.35	6.37	454.50
8—139	DN75	10m	2.14	承插铸铁排水管	m	9.30	19.90	19.01	378.34
				接头零件	个	9.04	19.35	8.74	169.12
8—140	DN100	10m	4.32	承插铸铁排水管	m	8.90	38.45	25.20	968.94
				接头零件	个	10.55	45.58	11.63	530.10
	器具安装								
8—241	螺纹阀门安装 DN15	个	5	螺纹阀门 J11T-16DN15	个	1.01	5.05	15.09	76.20
8—244	螺纹阀门安装 DN32	个	16	螺纹阀门 J11T-16DN32	个	1.01	16.16	33.83	546.69
8—246	螺纹阀门安装 DN50	个	3	螺纹阀门 J11T-16DN50	个	1.01	3.03	58.61	177.59
8—438	水龙头安装 DN15	10个	7.5	普通水嘴	个	10.10	75.75	3.88	293.91
8—407	蹲式瓷高水箱大便器安装	10组	1.5	瓷大便器	个	10.10	15.15	27.95	423.44
				瓷大便器高水箱带铜活	套	10.10	15.15	87.28	1322.29
8—456	小便器冲洗管制安 DN15	10m	1.3	镀锌钢管 DN15	m	10.20	13.26	5.00	66.30
8—443	排水栓带存水弯安装 DN50	10组	2.5	排水栓 DN50	套	10	25	24.88	622.00
8—447	地漏安装	10个	2.5	地漏 DN50	个	10	25	12.44	311.00
8—451	扫除口安装 DN50	10个	1.0	扫除口 DN50	个	10	10	7.89	78.90
	合　计								10067.37

工程名称：某单位职工宿舍给水排水工程

序 号	费 用 名 称	代 号	计 算 式	金 额
一、	直 接 费	①	（一）＋（二）	21052.40
（一）	直接工程费	A	$A_1 + A_2$	20559.80
1.	定额直接费	A_1		18623.57
	其中：定额人工费	B	2818.86×1.165	3283.97
	计价材料费＋未计价材料费 4885.28＋10067.37		机械费：386.95	
2.	其他直接费、临时设施费、现场管理费	A_2	$B \times 58.96\%$	1936.23
（二）	其他直接工程费	D	$D_1 + D_2$	492.60
1.	材料价差调整	D_1	$d_1 + d_2$	
	计价材料综合调整价差	d_1		
	未计价材料价差	d_2		
2.	施工图预算包干费	D_2	$B \times 15\%$	492.60
二、	间 接 费	②	$E + F + G + H + I$	2332.61
（一）	企业管理费	E	$B \times 34.28\%$	1125.75
（二）	财务费用	F	$B \times 7.25\%$	238.09
（三）	劳动保险费	G	$B \times 29.5\%$	968.77
（四）	远地施工增加费	H	$B \times 0\%$	
（五）	施工队伍迁移费	I	$B \times 0\%$	
三、	计 划 利 润	③	$B \times 68\%$	2233.10
四、	按规定允许按实计算的费用	④		
五、	定额管理费	⑤	（①＋②＋③＋④）×1.8%	461.13
六、	税 金	⑥	（①＋②＋③＋④＋⑤）×3.5%	912.77
七、	工程造价		①＋②＋③＋④＋⑤＋⑥	26992.01

复 习 思 考 题

1. 按规定系数计算定额直接费时，常用的增加费计算系数有哪些？使用时应注意什么问题？
2. 暖卫施工图由哪些部分组成？各反映什么内容？
3. 试说明"未计价材料"的含义。
4. 简述安装工程施工图预算的编制步骤。
5. 试说明"材差"的含义及计算方法。

第三章　室内采暖安装工程施工图预算的编制

第一节　室内采暖工程施工图的识读

一、采暖施工图常用图例符号

采暖施工图的编制应遵循国家标准《采暖空调制图标准》（GB/T 50114—2001）的规定，表3-1是该标准规定的常用图例。

表 3-1

采暖施工图常用图例

名　称	图　例	附　注
阀门（通用）、截止阀	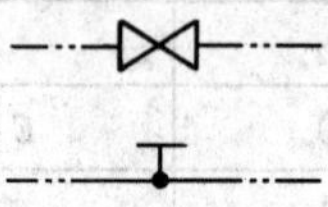	1. 没有说明时，表示螺纹连接 法兰连接时  焊接时  2. 轴测图画法 阀杆为垂直 阀杆为水平
闸阀		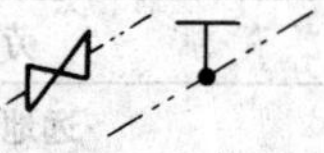 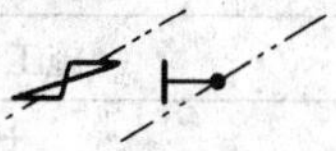
手动调节阀		
球阀、转心阀		
三通阀	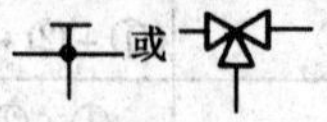 或	
四通阀	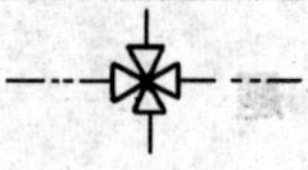	
节流阀	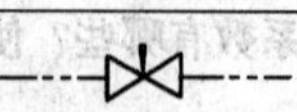	
膨胀阀	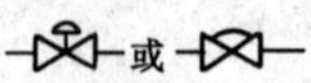 或	也称"隔膜阀"
旋塞	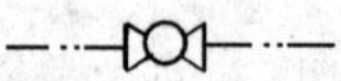	
快放阀		也称快速排污阀
止回阀	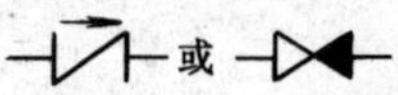 或	左图为通用，右图为升降式止回阀，流向同左。其余同阀门类推
减压阀	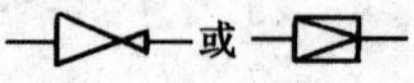 或	左图小三角为高压端，右图右侧为高压端。其余同阀门类推

38

名 称	图 例	附 注
安全阀		左图为通用，中为弹簧安全阀，右为重锤安全阀
疏水阀	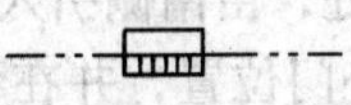	在不致引起误解时，也可用  ——○—— 表示，也称"疏水器"
浮球阀	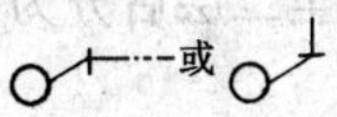 或	
集气罐、排气装置	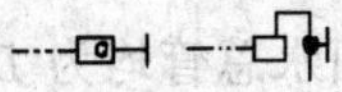	左图为平面图
自动排气阀		
除污器（过滤器）	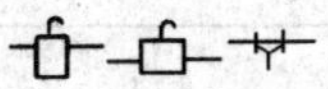	左为立式除污器，中为卧式除污器，右为 Y 形过滤器
节流孔板、减压孔板	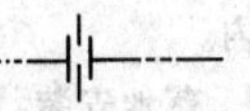	在不致引起误解时，也可用 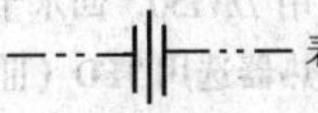 ——┤├—— 表示
补偿器		也称"伸缩器"
矩形补偿器	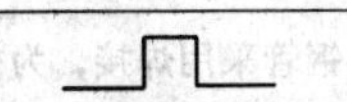	
套管补偿器		
波纹管补偿器		
蝶阀		
角阀	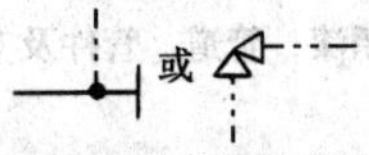 或	
平衡阀		

二、采暖安装工程施工图

与给排水施工图类似，室内采暖施工图也是由平面图、系统图、相关标准图、设计施工说明、材料表等内容组成。其中，平面图根据实际情况，可能有若干张。各组成部分所反映的内容与室内给排水施工图类似。下面简述一下识图要点：

（1）应先看说明，由此了解建筑类型、系统功能特点、所用设备及材料，再熟悉图例。

（2）看图时应结合管道图特点，先从底层平面图上找到引入管、排出管位置，按介质流向看图。

（3）平面图、系统图要结合起来看，这样可以更快地把握施工图全貌。

三、阅图实例练习

图 3-1 ~ 图 3-4 分别为太原市某二层砖混结构办公楼的采暖平面图、系统图及说明。

1．采暖设计说明（图 3-1）

从说明中了解到该系统为传统的单管上供下回式低温热水采暖系统，还有所用材质、连接方式、防腐保温做法等。

2．平面图（图 3-2、图 3-3）

从一层平面图上看，采暖引入口在⑩与Ⓐ轴处，由南侧引入。散热器沿外窗布置，总回水管径为 DN40。图中还反映了各房间功能及外门位置，并在各采暖立管处有编号①～⑪。从二层平面图（图 3-3）上看，供水总立管上至二层后分为两枝，一枝带南侧①～⑥号立管，另一枝带立管⑦～⑩。

3．系统图（图 3-4）

从系统图上看，引入管标高为 – 1.00m，供回水总管均为 DN40。如果有相关标准图（98N1），则可进一步了解入口做法细部。层高为 3.6m，回水干管标高为 – 0.6m，且有坡度要求。整个系统为同程布置，散热器片数均在图中注明，每趟立管上、下端均设有阀门。

采暖设计说明

（1）本设计为太原市某砖混结构二层办公楼采暖系统，热媒为 95～70℃热水。采暖系统采用单管上供下回式系统，排气采用手动集气罐，规格采用 DN150，回水干管设于地沟内。

（2）散热器及管材的采用：散热器选用 TFD（Ⅲ）₁-1.0/6-5 型，落地安装，管道采用焊接钢管，阀门采用闸阀，型号为 Z15T-10。

（3）管道连接与安装：

1）DN≤32mm 的焊接钢管采用螺纹连接，DN>32mm 的焊接钢管采用焊接，为检修方便在适当部位应设法兰接头。

2）管道穿墙、楼板时，应埋设钢制套管，安装在楼板内的套管其顶部应高出地面 20mm，底部与楼板底面齐平；安装在穿墙内的套管，应与饰面相平，具体做法参见 98N1-170，177。

3）散热器支管应有 1% 坡度，散热器支管长度大于 1.5m 应在中间安装管卡或托钩，采暖入口装置参见标准图 98N1-19。

（4）防腐与保温：

1）采暖管道及散热器不论明装暗装，均应进行除锈和刷防锈漆，管道、管件及支架等刷底漆前，先清除表面的灰尘、污垢、锈斑及焊渣等物。

2）室内明装不保温的管道、散热器及支架，刷一道防锈底漆，两道耐热色漆或银粉漆；保温管道刷两道防锈底漆后再做保温层。

3）入户管、室内暖沟回水干管均做保温，保温材料为岩棉瓦保温材料，保温层厚 40mm，保温层外包玻璃丝布两道并刷热沥青两遍。

（5）试压与清洗：

1）管道安装完毕后应进行水压试验，试验压力为 0.5MPa。在 5min 内压降不大于 0.02MPa 不渗不漏为合格。

2）经试压合格后应对系统进行反复冲洗，直至排出水不带泥砂铁屑等杂物且水色清晰为合格。

图 例

名 称	图 例
供水管	——————
回水管	– – – – –
散热器	□
排汽阀	
闸 阀	
固定支架	 ✳

图 3-1 说明

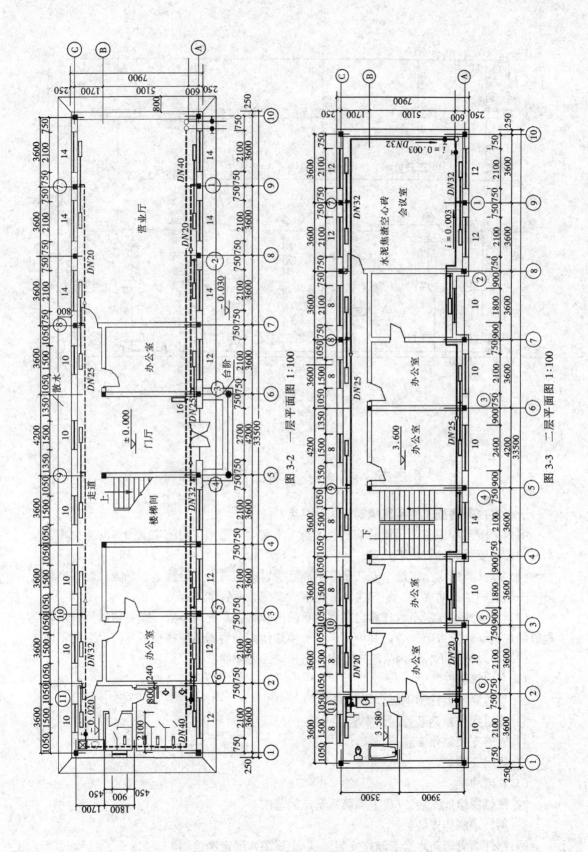

图 3-2 一层平面图 1:100

图 3-3 二层平面图 1:100

41

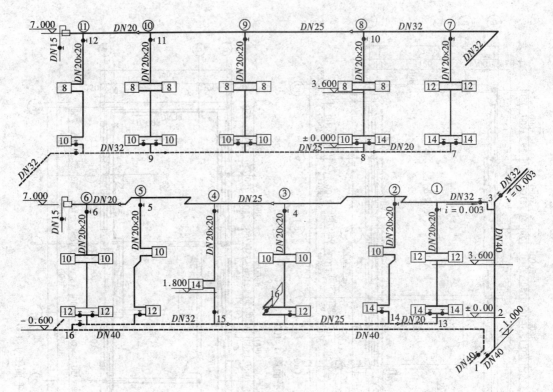

图 3-4 采暖系统图

第二节 室内采暖施工图预算概述

一、室内采暖施工图预算编制步骤及要点

室内采暖工程施工图预算的编制程序与上节室内给排水工程施工图预算的编制步骤基本相同，需要强调的有以下几点：

（1）涉及到的《全国统一安装预算定额》主要有第八册《给排水、采暖、燃气工程》，第十一册《刷油、防腐蚀、绝热工程》及第六册《工业管道工程》。

（2）相应的按规定系数计算定额直接费的内容有：系统调整费；脚手架搭拆费及高层建筑增加费（六层以上）等。其中第十一册中除锈刷油的脚手架搭拆系数与保温的不同。

（3）一般情况下，室内采暖工程施工图预算的列项如下，以供参考。

1）室内管道安装。

2）管道穿墙镀锌薄钢板套管制作。

3）管道穿楼板钢套管制作安装。

4）管道支架制作安装。

5）阀门安装。

6）管道冲洗。

7）散热器组成安装。（以上属第八册定额范围）

8）集气罐制作安装。

9）穿外墙管道防水套管制作安装。（以上属第六册定额范围）

10) 温度计、压力表、热表安装。（属第十册安装范围）

11) 管道除锈与刷油。

12) 支架除锈与刷油。

13) 散热器除锈与刷油。

14) 管道绝热层安装。

15) 绝热保护层安装。

16) 绝热保护层刷油。（以上属第十一册定额范围）

在实际工程中，第 1) 项的管道可以是焊接钢管，塑料管（如 PP-R 管）或镀锌钢管等。第 2) 项也可采用钢套管。这些都应按施工图说明或有关图纸会审纪要执行。第 8) 项如实际采用自动排气阀则按第八册套用。第 10) 项中的热表安装在要求分户热计量的工程中采用。

(4) 室内采暖工程中涉及到的许多有助于工程量计算的图表与上节基本一致，如除锈刷油面积、支架质量计算等，参见表 3-2、表 3-3、表 3-4、表 3-5、表 3-6 及图 3-5、图 3-6，以备使用。

每 10m 排水铸铁承插管刷油表面积　　　　　　　　　　表 3-2

公称直径（mm）	DN50	DN75	DN100	DN125	DN150
表面积（m²）	1.885	2.670	3.456	4.3304	5.089

每 10m 焊接钢管刷油、绝热工程量　　　　　　　　　　表 3-3

公称直径（mm）	钢管表面积（m²）	绝热层厚度（mm）									
		20	25	30	35	40	45	50	60	70	80
15	0.668	0.027	0.038	0.051	0.065	0.081	0.099	0.118	0.162	0.213	0.270
		2.245	2.575	2.904	3.234	3.545	3.894	4.224	4.884	5.543	6.203
20	0.840	0.031	0.043	0.056	0.071	0.088	0.107	0.127	0.173	0.225	0.284
		2.417	2.747	3.077	3.407	3.737	4.067	4.397	5.056	5.716	6.376
25	1.052	0.035	0.048	0.063	0.079	0.097	0.117	0.138	0.186	0.240	0.301
		2.630	2.959	3.289	3.619	3.949	4.279	4.609	5.268	5.928	6.588
32	1.327	0.041	0.055	0.071	0.089	0.108	0.130	0.152	0.203	0.260	0.324
		2.904	3.234	3.564	3.894	4.224	4.554	4.884	5.543	6.203	6.862
40	1.508	0.045	0.060	0.077	0.096	0.116	0.138	0.162	0.214	0.273	0.339
		3.805	3.415	3.745	4.075	4.405	4.734	5.064	5.724	6.384	7.043
50	1.885	0.052	0.070	0.089	0.109	0.132	0.156	0.181	0.238	0.301	0.370
		3.462	3.792	4.122	4.452	4.782	5.122	5.441	6.101	6.761	7.421

公称直径 （mm）	钢管表面积 （m²）	绝热层厚度（mm）									
		20	25	30	35	40	45	50	60	70	80
65	2.312	0.062	0.082	0.103	0.128	0.152	0.178	0.206	0.268	0.336	0.410
		3.949	4.279	4.608	4.939	5.268	5.598	5.928	6.588	7.728	7.907
80	2.780	0.071	0.092	0.116	0.140	0.169	0.197	0.227	0.293	0.365	0.444
		4.357	4.687	5.017	5.347	5.677	6.007	6.337	6.996	7.656	8.316
100	3.581	0.087	0.113	0.140	0.169	0.202	0.234	0.269	0.342	0.423	0.511
		5.158	5.488	5.818	6.148	6.478	6.807	7.138	7.797	8.457	9.117
125	4.398	0.104	0.134	0.165	0.199	0.235	0.272	0.311	0.393	0.482	0.578
		5.975	6.305	6.635	6.965	7.295	7.625	7.954	8.613	9.274	9.934
150	5.184	0.212	0.154	0.189	0.227	0.268	0.309	0.351	0.442	0.539	0.643
		6.761	7.091	7.421	7.750	8.080	8.410	8.739	9.400	10.059	10.719

注：表中上行数字为相应的绝热层体积、下行数字为绝热层表面积。

钢管管道支架的最大间距　　　　　　　　　　表 3-4

公称直径（mm）		15	20	25	32	40	50	65	80	100	125	150	200	250	300
支架的最大间距(m)	保温管	2	2.5	2.5	2.5	3	3	4	4	4.5	6	7	7	8	8.5
	不保温管	2.5	3	3.5	4	4.5	5	6	6	6.5	7	8	9.5	11	12

单立管支架质量表　　　　　　　　　　表 3-5

序号	公称直径 DN	质量 保温 不保温	扁钢					六角带帽螺栓带垫		单个支架质量（kg）	
			规格	展开（mm）		质量（kg）		规格（套）	质量（kg）	Ⅰ型	Ⅱ型
				Ⅰ型	Ⅱ型	Ⅰ型	Ⅱ型			8=4+7	9=5+7
		1		2	3	4	5	6	7	8=4+7	9=5+7
1	15	40	−30×3	237	337	0.17	0.24	M8×40	0.03	0.20	0.27
		20	−25×3	195	295	0.12	0.17	M8×40	0.03	0.15	0.20
2	20	50	−30×3	251	351	0.18	0.25	M8×40	0.03	0.21	0.28
		20	−25×3	219	319	0.13	0.19	M8×40	0.03	0.16	0.22
3	25	50	−35×3	282	382	0.23	0.31	M8×40	0.03	0.26	0.34
		20	−25×3	237	337	0.14	0.20	M8×40	0.03	0.17	0.23
4	32	60	−35×4	316	416	0.35	0.46	M10×45	0.05	0.40	0.51
		20	−25×3	270	370	0.16	0.22	M8×40	0.03	0.19	0.25

序号	公称直径 DN	托架间距 (m)	质量(kg)	支承角钢（1）			圆钢管卡			螺母、垫圈		单个支架质量 (kg)
			保温	规格	长度 (mm)	质量 (kg)	规格 d	展开长 (mm)	质量 (kg)	规格	质量 (kg)	
			不保温	1	2	3	4	5	6	7	8	9 = 3 + 6 + 8
1	15	1.5	20	∠40×4	370	0.90	8	152	0.06	M8	0.02	0.98
		1.5	20	∠40×4	330	0.80						0.88
2	20	1.5	30	∠40×4	370	0.90	8	160	0.06	M8	0.02	0.98
		≤3	2	∠40×4	340	0.82						0.90
3	25	1.5	030	∠40×4	390	0.94	8	181	0.07	M8	0.02	1.03
		1.5	20	∠40×4	350	0.85						0.94
4	32	≤3	30	∠40×4	390	0.94	8	205	0.08	M8	0.02	1.04
		≤3	20	∠40×4	360	0.87						0.97
5	40	≤3	60	∠40×4	400	0.97	8	224	0.08	M8	0.02	1.08
		≤3	20	∠40×4	370	0.90						1.01
6	50	≤3	70	∠40×4	410	0.99	8	253	0.10	M8	0.02	1.11
		≤3	30	∠40×4	380	0.92						1.04
7	70	≤3	80	∠40×4	430	1.04	10	301	0.19	M10	0.03	1.26
		≤6	80	∠40×4	400	0.97						1.19
8	80	≤3	100	∠40×4	450	1.09	10	342	0.21	M10	0.03	1.33
		≤6	100	∠40×4	430	1.04						1.28
9	100	≤3	130	∠50×5	480	1.80	10	403	0.25	M10	0.03	2.09
		≤6	140	∠50×5	450	1.71						1.98
10	125	≤3	170	∠50×5	510	1.92	10	477	0.42	M10	0.04	2.38
		≤6	200	∠50×5	490	1.85						2.31

二、工程量计算规则

（1）管道安装、阀门安装、管道冲洗、小型容器制作安装等内容的工程量计算规则与上节所述内容一致。

（2）供暖器具安装：

1）热空气幕安装以"台"为计量单位，其支架制作安装可按相应定额另行计算。

2）长翼、柱型铸铁散热器组成安装以"片"为计量单位，其垫片不得另算；圆翼型铸铁散热器组成安装以"节"为计量单位。

3）光排管散热器制作安装以"m"为计量单位，已包括连管长度，不得另行计算。

（3）温度计、压力表、热表等安装和单体调试均以"台"或"块"为计量单位，执行相应定额。

（4）管道穿墙、穿楼板一般钢套管的制作安装套用第八册预算定额中室外管道的钢管焊接项目，按相应规格的延长米计算。防水套管的制作安装则套用第十册预算定额，按不同规格分柔性和刚性套管，以"个"为计量单位，所需钢管及钢板已包括在制作定额中。

(5) 室内外界线一般以入口阀门或建筑物外墙皮 1.5m 为界。

(6) 集气罐的制作安装以"个"为计量单位，按不同规格执行。

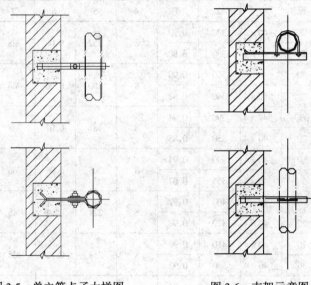

图 3-5　单立管卡子大样图　　　　图 3-6　支架示意图

第三节　室内采暖安装工程施工图预算编制实例

仍以第一节所举施工图为例，进行该采暖工程施工图预算的编制。本例采用山西省有关规定。

（一）列项

(1) 焊接钢管安装。

(2) 管道穿墙，穿楼板钢套管制作安装。

(3) 管道支架制作安装。

(4) 管道冲洗。

(5) 阀门安装。

(6) 散热器组成安装。

(7) 集气缸制作安装。

(8) 管道除锈与刷油。

(9) 支架除锈与刷油。

(10) 散热器除锈与刷油。

(11) 绝热保护层刷油。

(12) 管道绝热层安装。

(13) 管道绝热保护层安装。

（二）逐项计算工程量

为了便于计算，防止重算漏算，特在图 3-4 中进行了编号。

1．焊接钢管安装

室内采暖系统中，通常供回水干管为焊接连接或法兰连接，其余立管为丝接。

（1）±0.00以下的保温管道安装：

1）编号1～2、$DN40$：

$1.5 + 1 = 2.5m$

编号16～17、$DN40$：

$33.5 - 2$（节点16至①轴距离）-0.8（垂直管段至⑩轴距离）$+1$（垂直管长）$+1.5 = 33.2m$

2）编号7～8、13～14、$DN20$：

$3.6 + 3.6 - 0.3 + 3.6 - 0.3 = 10.2m$（管径由小变大是在三通节点前0.3m处，管径由大变小是在三通节点后0.3m处）

3）编号8～9、14～15、$DN25$：

$3.6 \times 3 + 4.2 + 3.6 \times 2 + 4.2 = 26.4m$

4）编号9～16、$DN32$：

$3.6 \times 2 + 0.3 - 0.12$（轴线至墙内表面距离）$-0.15$（管中心至墙内表面距离）$+3.9 + 3.5 - 2 \times 0.12 - 2 \times 0.15 + 2 = 16.09m$

编号15～16、$DN32$：

$3.6 \times 3 + 1.6 + 0.5$（垂直段）$= 12.9m$

（2）±0.00以上不保温管道安装：

1）编号2～3、$DN40$：

$7 - 2 + 1$（由竖管转为水平管后变径）$= 6m$

2）编号3～10、$DN32$：

$(7.9 - 2 \times 0.37 - 2 \times 0.15 - 1) + 3 \times 3.6 = 16.68m$

编号3～4、$DN32$：

$4 \times 3.6 + 2 \times 0.5 + 0.8 = 16.2m$

3）编号4～5、$DN25$：

$4.2 + 2 \times 3.6 + 2 \times 0.5 = 12.4m$

编号10～11、$DN25$：

$4.2 + 3 \times 3.6 = 15m$

4）编号5～6、11～12、$DN20$：

$3.6 + 3.6 + 2 \times 0.3 = 7.8m$

5）立管①、⑥、⑦、⑧、⑨、⑩及相应支管，$DN20$：

$6 \times [7 + 0.6 - 2 \times 0.6$（散热器进、出水口高差）$] + 2 \times 1.5$（支管长度）$\times 4 \times 6 = 110.4m$

立管②、⑤及相应支管，$DN20$：

$2 \times (7 + 0.6 - 2 \times 0.6) + 2 \times 1.5 \times 2 \times 2 + 2 \times 0.6 = 26m$

立管③及相应支管，$DN20$：

$(7 + 0.6 - 2 \times 0.6) + 2 \times 1.5 \times 4 + 2 \times 0.4 = 19.2m$

立管⑪及相应支管，$DN20$：

$7 + 0.6 - 2 \times 0.6 + 4 \times 1.5 = 12.4\text{m}$

立管④及相应支管，$DN20$：

$7 + 0.6 - 0.6 + 2 \times 1.5 = 10\text{m}$

6）放气管 $DN15$：$2 \times 1.5 = 3\text{m}$

2．管道穿墙、穿楼板钢套管制作安装

本例按设计要求，管道穿墙处也用钢套管。穿墙管长取 0.26m（抹灰每侧 20mm），穿楼板管长取 0.25m。穿越管道与所用套管按表 3-7 选用。从表中看出，$DN \leqslant 32\text{mm}$ 的管道，套管规格大两号；$DN \geqslant 40\text{mm}$ 的管道，套管规格大一号即可。

低压液体输送钢管的规格 表 3-7

公 称 通 径 D_0		外 径（mm）	普 通 管		加 厚 节		每米钢管分配的管接头重量（以每 6m 一个管接头计算）（kg）
（mm）	（In）		壁 厚（mm）	不计管接头的理论重量（kg/m）	壁 厚（mm）	不计管接头的理论重量（kg/m）	
8	1/4	13.50	2.25	0.62	2.75	0.73	—
10	3/8	17.00	2.25	0.82	2.75	0.97	—
15	1/2	21.25	2.75	1.25	3.25	1.44	0.01
20	3/4	26.75	2.75	1.63	3.50	2.01	0.02
25	1	33.50	3.25	2.42	4.00	2.91	0.03
32	1¼	42.25	3.25	3.13	4.00	3.77	0.04
40	1½	48.00	3.50	3.84	4.25	4.58	0.06
50	2	60.00	3.50	4.88	4.50	6.16	0.08
65	2½	75.50	3.75	6.64	4.50	7.88	0.13
80	3	88.50	4.00	8.34	4.75	9.81	0.20
100	4	111.00	4.00	10.85	5.00	13.44	0.40
125	5	140.00	4.50	15.04	5.50	18.24	0.60
150	6	165.00	4.50	17.81	5.50	21.63	0.80

注：表中所列理论重量为不镀锌钢管（黑铁管）的理论重量，镀锌钢管比不镀锌钢管重 3%～6%。

（1）穿楼板用套管：

1）$DN\,40$ 立管，用 $DN\,50$ 钢管及套管：

$2 \times 0.25 = 0.5\text{m}$

2）$DN20$ 主管，用 $DN32$ 钢套管：

$(11 \times 2 - 1)\ 0.25 = 5.25\text{m}$

（2）穿墙用钢套管：

1）$DN32$ 管道用 $DN50$ 钢套管：

$3 \times 0.26 = 0.78\text{m}$

2）$DN25$ 管道用 $DN40$ 钢套管：

$3 \times 0.26 = 0.78\text{m}$

3）$DN20$ 管道用 $DN32$ 钢套管：

2×0.26（干管）$+ 8 \times 0.26 = 2.6\text{m}$

3．管道支架制作安装

立管丝接管径 $DN \leqslant 32$mm 定额中已包括支架制作安装，只计干管支架（干管 $DN < 32$mm 一般也是焊接）。

各种管径下支架数量仍按表 3-6 确定。支架形式参图 3-6，相应支架质量查表 3-6。计算结果如下：

1）$DN40$ 干管共 41.7m，保温段：35.7m÷3≈12 个，取 13 个；不保温段：6m，取 2 个，共 15 个支架。按图 3-6 及表 3-6 选取；不保温支架：2×1.01kg/个 = 2.02kg；保温支架：13×1.08kg/个 = 14.04kg。

2）$DN32$ 干管，保温段：28.99÷2.5≈12 个，查表 3-6，每个支架重 1.04kg，12×1.04 = 12.48kg；不保温段：32.88÷4≈9 个，查表 3-6，每个支架重 0.97kg，9×0.97 = 8.73kg。

3）$DN25$ 干管：保温段：26.4÷2≈14 个，14×1.03 = 14.42kg；不保温段：27.4÷33.5≈8 个，8×0.94 = 7.52kg。

4）$DN20$ 干管：保温段：10.2÷2≈5 个，5×0.98 = 4.9kg；不保温段：8÷3≈3 个，3×0.9 = 2.7kg。

合计：保温管段支架 46kg；不保温管段支架 21kg，共 67kg。

4．管道冲洗

本例中管道均小于 $DN50$。将各种管径下的数量统计为 356.37m。

5．阀门安装

（1）$DN40$ 阀门：2 个。

（2）$DN32$ 阀门：4 个。

（3）$DN20$ 阀门：21 + 8 + 2 = 31 个。

（4）$DN15$ 阀门：2 个。

6．散热器组成安装

本例中共 386 片，规格为柱型。

7．集气罐制作安装

本例中两个 $DN150$ 手动集气罐。

8．管道除锈与刷油

（1）管道除锈工程量：

按各种规格的管道安装工程量，查表 3-3 得到除锈工程量如下（包括地沟内及套管部分）：

1）$DN40$，共 41.7m，除锈面积：4.17×1.508 = 6.23m²

2）$DN32$，共 69.72m，除锈面积：6.972×1.327 = 9.25m²

3）$DN25$，共 53.8m，除锈面积：5.38×1.052 = 5.66m²

4）$DN20$，共 196m，除锈面积：19.6×0.84 = 16.47m²

5）$DN15$，共 3m，除锈面积：0.3×0.668 = 0.2m²

6）$DN50$，共 1.28m，除锈面积：0.128×1.885 = 0.24m²

共计除锈面积：38.05m²。

（2）管道刷防锈漆工程量：

管道刷防锈漆的工程量与除锈工程量相同：38.05m²。

（3）管道刷银粉工程量：

只计 ±0.00 以上的管道：

1）DN40：6m，0.6 × 1.508 = 0.905m²

2）DN32：32.88m，3.288 × 1.327 = 4.36m²

3）DN25：27.4m，2.74 × 1.052 = 2.88m²

4）DN20：185.8m，18.58 × 0.84 = 15.61m²

5）DN15：3m，0.2m²

共计刷银粉面积为 23.96m²。

9．支架除锈与刷油

本例中，立管卡子认为采用镀锌成品，不考虑除锈刷防锈漆，只计刷银粉漆。

1）支架除锈：即为支架制作安装工程量，为 67kg。

2）支架刷防锈漆：也为 67kg。

3）支架刷银粉：本例中支架刷银粉的工程量应包括 ±0.00 以上的干管支架及立、支管管卡、托勾。每层主管一个管卡（详见上节内容），质量为 0.22kg，共计 22 个，约 4.9kg。而前面已算出，不保温干管支架质量为 21kg，故刷银粉支架工程量为 21 + 4.9 ≈ 26kg。

10．散热器除锈与刷油

本例中散热器选用辐射对流铸铁 TFP（Ⅲ）-1.0/6-5 型，每片散热器面积为 0.42m²，386 × 0.42 = 162.12m²。

1）散热器除锈面积：162.12m²。

2）散热器刷防锈漆与刷面漆面积：162.12m²。

11．绝热保护层刷油

由表 3-3 查绝热保护层表面积。本例中绝热层厚度为 40mm。

1）DN40：35.7m，3.57 × 4.405 = 15.73m²

2）DN32：28.99m，2.899 × 4.224 = 12.25m²

3）DN25：26.4m，2.64 × 3.95 = 10.43m²

4）DN20：10.2m，1.02 × 3.74 = 3.81m²

共计：43.23m²。

12．管道绝热层安装

查表 3-3：

1）DN40：3.57 × 0.116 = 0.414m³

2）DN32：2.899 × 0.108 = 0.313m³

3）DN25：2.64 × 0.097 = 0.256m³

4）DN20：1.02 × 0.088 = 0.0898m³

共计：1.073m³。

13．管道绝热保护层安装

与保护层刷油工程量相同：43.23m²。

至此，本采暖实例工程量计算完毕，结果汇总为表 3-8。

工程名称：

定额编号	分部分项名称	单位	数量	定额编号	分部分项名称	单位	数量
	1. 室内焊接钢管安装				7. 集气罐制作安装		
8-98	室内焊管丝接 DN15	10m	0.3	6-2896	集气罐制作 DN150	个	2
8-99	室内焊管丝接 DN20	10m	19.6	6-2901	集气罐安装 DN150	个	2
8-100	室内焊管丝接 DN25	10m	5.38		8. 管道除锈刷油		
8-109	室内焊管丝接 DN32	10m	6.19	11-1	管道除轻锈（手工）	10m²	4.57
8-110	室内焊管丝接 DN40	10m	4.17	11-53、11-54	管道刷防锈漆两遍	10m²	4.57
	2. 穿墙穿楼板钢管制作安装			11-82、11-83	管道刷银粉漆两遍	10m²	2.4
8-23	室内焊管焊接 DN32	10m	0.59		9. 支架除锈刷油		
8-24	室内焊管焊接 DN40	10m	0.08	11-7	一般钢结构（支架）轻锈	100kg	0.67
8-25	室内焊管焊接 DN50	10m	0.13	11-119、11-120	支架刷防锈漆两遍	100kg	0.67
	3. 管道支架制作安装			11-122、11-123	支架刷银粉漆两遍	100kg	0.26
8-212	一般管道支架制作安装	100kg	0.67		10. 散热器除锈刷油		
	4. 管道冲洗			11-4	散热器刷除锈（轻）	10m²	16.2
8-264	管道冲洗 DN50 以内	100m	3.57	11-198	散热器刷防锈漆	10m²	16.2
	5. 阀门安装			11-200、11-201	散热器刷银粉漆两遍	10m²	16.2
8-275	丝接阀门 DN15	个	2		11. 绝热保护层刷油		
8-276	丝接阀门 DN20	个	31	11-238、11-239	保护层刷沥青漆两道	10m²	4.33
8-278	丝接阀门 DN32	个	4		12. 绝热层安装		
8-279	丝接阀门 DN40	个	2	11-1825	Φ57 以下绝热层安装	m³	1.1
	6. 散热器组成安装				13. 绝热保护层安装		
8-525	柱型铸铁散热器安装	10 片	38.6	11-2153	玻璃丝布保护层安装	10m²	4.33

（三）计算定额直接费

1. 直接套定额计算定额直接费

计算过程与上节基本相同，计算过程及结果参表 3-9 及表 3-10。穿墙、穿楼板钢套管的制作安装套室外钢管焊接子目。

编制单位：

序号	费用名称	计费基础	费率（%）	金额（元）	人工费率（%）	人工费（元）	材料费（元）	机械费（元）	主材（元）
1	定额直接费小计			12114.40		3328.87	1515.10	300.17	8970.26
2	六册脚手架搭拆费	44.56	7.000	3.12	25	0.78	2.34		
3	八册脚手架搭拆费	2264.46	5.000	113.22	25	28.31	84.92		
4	十一册刷油脚手架搭拆费	824.88	8.000	65.99	25	16.50	49.49		
5	十一册绝热脚手架搭拆费	195.01	20.000	39.00	25	9.75	29.25		

序号	费用名称	计费基础	费率（%）	金额（元）	人工费率（%）	人工费（元）	材料费（元）	机械费（元）	主材（元）
6	系统调整费	3328.87	15.000	499.33	20	99.87	399.46		
7	定额直接费小计			12835.07		3484.07	2080.57	300.17	8970.26
8	其他直接费	3484.07	6.000	209.04					
9	临时设施费	3484.07	5.000	174.20					
10	现场管理费	3484.07	21.000	731.65					
11	现场经费			905.86					
12	小计直接费			13949.97					
13	企业管理费	3484.07	21.000	731.65					
14	劳动保险费	3484.07	20.000	696.81					
15	财务费用	3484.07	2.800	97.55					
16	间接费小计			1526.02					
17	利润	3484.07	64.000	2229.80					
18	定编费	19705.79	0.114	22.18					
19	税金	19725.98	3.410	672.66					
20	总计			20830.44					

建筑安装工程预算书　　　　　　　　　　　　　　表 3-10

建设单位：

工程名称：办公楼室内采暖工程

分项工程名称：　　　　　　　　编制单位：

定额编号	分部分项工程名称	单位	数量	单价（元）				合价（元）				
				合计	人工费	辅材费	机械费	合计	人工费	辅材费	机械费	主材
8-98	室内管道、焊接钢管（螺纹连接）	10m	0.300	53.76	43.37	10.39		16.13	13.01	3.12		
	焊接钢管 DN15	m	3.060	3.23								9.88
8-99	室内管道、焊接钢管（螺纹连接）	10m	19.600	58.94	43.37	15.57		1155.22	850.05	305.17		
	焊接钢管 DN20	m	199.920	4.21								841.66
8-100	室内管道、焊接钢管（螺纹连接）	10m	5.380	75.78	52.14	22.57	1.07	407.70	280.51	121.43	5.76	
	焊接钢管 DN25	m	54.876	6.05								332.00
8-109	室内管道、钢管（焊接）公称直径	10m	6.190	50.35	39.34	4.75	6.26	311.66	243.51	29.40	38.75	
	焊接钢管 DN32	m	63.138	7.83								494.37
8-110	室内管道、钢管（焊接）公称直径	10m	4.170	55.70	42.90	5.92	6.88	232.27	178.89	24.69	28.69	

定额编号	分部分项工程名称	单位	数量	单 价 （元）				合 价 （元）				主材
				合计	人工费	辅材费	机械费	合计	人工费	辅材费	机械费	
	焊接钢管 DN40	m	43.534	9.64								410.03
8-23	室外管道、钢管（焊接）公称直径	10m	0.590	21.79	16.83	2.77	2.19	12.85	9.93	1.63	1.29	
	焊接钢管 DN32	m	5.989	7.83								46.89
8-24	室外管道、钢管（焊接）公称直径	10m	0.080	22.83	17.54	3.10	2.19	1.83	1.40	0.25	0.18	
	焊接钢管 DN40	m	0.812	9.64								7.83
8-25	室外管道、钢管（焊接）公称直径	10m	0.130	29.17	20.38	6.60	2.19	3.79	2.65	0.86	0.28	
	焊接钢管 DN50	m	1.320	12.25								16.17
8-212	室内管道、管道支架制作安装	100kg	0.670	654.24	240.32	137.18	276.74	438.34	161.01	91.91	185.42	
	型钢	kg	71	2.29								163
8-264	管道消毒、冲洗、公称直径（50mm）	100m	3.570	26.17	12.32	13.85		93.42	43.98	49.44		
8-275	阀门安装、螺纹阀、公称直径（15mm）	个	2.000	4.03	2.37	1.66		8.06	4.74	3.32		
	内螺纹闸阀 Z15T-10 15mm	个	2.020	6.48								13.09
8-276	阀门安装、螺纹阀公称直径（20mm）	个	31.000	4.55	2.370	2.18		141.05	73.47	67.58		
	内螺纹闸阀 Z15T-10 20mm	个	31.310	8.36								261.75
8-278	阀门安装、螺纹阀公称直径（32mm）	个	4.000	7.48	3.56	3.92		29.92	14.24	15.68		
	内螺纹闸阀 Z15T-10 32mm	个	4.040	14.64								59.15
8-279	阀门安装、螺纹阀公称直径（40mm）	个	2.000	11.80	5.93	5.87		23.60	11.86	11.74		
	内螺纹闸阀 Z15T-10 40mm	个	2.020	21.54								43.51
8-525	铸铁散热器组成安装 型号 柱型	10片	38.600	23.98	9.72	14.26		925.63	375.19	550.44		
	TFP（Ⅲ）-1.016-5型	片	389.86	12.80								4990.21
6-2896	集气罐制作 公称直径（150mm）	个	2.000	32.83	15.88	11.64	5.31	12.80	12.80			

定额编号	分部分项工程名称	单位	数量	单价（元）				合价（元）				
				合计	人工费	辅材费	机械费	合计	人工费	辅材费	机械费	主材
6-2901	集气罐安装 公称直径（150mm）	个	2.000	6.40	6.40							
11-1	手工除锈 管道 轻锈	10m²	3.81	10.25	8.06	2.19		46.84	36.83	10.01		
11-53	管道刷油 防锈漆 第一遍	10m²	3.81	7.34	6.40	0.94		33.55	29.25	4.30		
	红丹	kg	5.987	8.78								52.57
11-54	管道刷油 防锈漆 第二遍	10m²	3.81	7.24	6.40	0.84		33.09	29.25	3.84		
	红丹	kg	5.118	8.78								44.94
11-82	管道刷油 银粉漆 第一遍	10m²	2.400	7.46	6.16	1.30		17.90	14.78	3.12		
	银粉漆	kg	1.608	12.48								20.07
11-83	管道刷油 银粉漆 第二遍	10m²	2.400	6.79	5.93	0.86		16.29	14.23	2.06		
	银粉漆	kg	1.512	12.48								18.87
11-7	手工除锈 一般钢结构 轻锈	100kg	0.670	17.85	8.06	1.62	8.17	11.96	5.40	1.09	5.47	
11-119	金属结构刷油 一般钢结构 防锈漆一遍	100kg	0.670	14.29	5.45	0.67	8.17	9.57	3.65	0.45	5.47	
	红丹	kg	0.616	8.78								5.41
11-120	金属结构刷油 一般钢结构 防锈漆两遍	100kg	0.670	13.98	5.21	0.60	8.17	9.36	3.49	0.40	5.47	
	红丹	kg	0.523	8.78								4.59
11-122	金属结构刷油 一般钢结构 银粉漆一遍	100kg	0.260	15.63	5.21	1.88	8.17	4.06	1.35	0.49	2.12	
	酚醛清漆	kg	0.065	9.59								0.62
11-123	金属结构刷油 一般钢结构 银粉漆两遍	100kg	0.260	15.26	5.21	1.88	8.17	3.96	1.35	0.59	2.12	
	酚醛清漆	kg	0.060	9.59								0.58
11-4	手工除锈 散热器 轻锈	10m²	16.200	10.72	8.53	2.19		173.67	138.19	35.48		
11-198	铸铁管、散热器刷油 防锈漆 一遍	10m²	16.200	8.80	7.82	0.98		142.56	126.68	15.88		
	红丹	kg	17.010	9.98								169.76
11-200	散热器刷油 银粉漆 第一遍	10m²	16.200	11.35	8.06	3.29		183.87	130.57	53.30		

定额编号	分部分项工程名称	单位	数量	单 价（元）				合 价（元）				
				合计	人工费	辅材费	机械费	合计	人工费	辅材费	机械费	主材
	酚醛清漆	kg	7.290	9.59								69.91
11-201	散热器刷油 银粉漆 第两遍	10m²	16.200	10.72	7.82	2.90		173.66	126.68	46.98		
	酚醛清漆	kg	6.642	9.59								63.70
11-238	玻璃布、白布刷油 设备 沥青漆	10m²	4.330	22.99	20.38	2.61		99.55	88.25	11.30		
	沥青漆	kg	21.087	5.69								119.99
11-239	玻璃布、白布刷油 设备 沥青漆	10m²	4.330	19.31	17.30	2.01		83.61	74.91	8.70		
	沥青漆	kg	15.328	5.69								87.22
11-1825	纤维类制品（管壳）安装 管道 Φ5	m³	1.100	156.35	133.43	15.17	7.75	171.99	146.77	16.69	8.53	
	矿岩棉保温管壳	m³	1.133	261.38								296.14
11-2153	防潮层、保护层安装 玻璃布 管道	10m²	4.330	11.25	11.14	0.11		48.72	48.24	0.48		
	玻璃纤维布	m²	60.620	1.08								65.47
	合　计							5144.14	3328.87	1515.10	300.17	8970.26

2. 按规定系数计算定额直接费

本例中增加了采暖系统调整一项，具体计算过程及结果参见表 3-10。

（四）取费

请同学们按本地取费定额进行计算。本例以山西省费用定额按三类工程，丙类取费计算参见表 3-9。

（五）编制说明

内容及要求与上节相同，请同学自己完成。

复习思考题

1. 预算定额中涉及到的需要按规定系数计算定额直接费的系数有哪几项？各项的基数如何确定？所计算出的增加费如何归类？如果归类错误，会产生什么影响？

2. 施工图预算中涉及支架的工程量有哪些？如何计算？

3. 室内采暖工程所列项目与室内给排水工程列项有哪些关系？

4. 请将采暖实例的取费、造价总汇、编写说明等内容结合本地费用定额重新计算一遍。

第四章 室内电气照明安装工程预算

室内电气照明安装工程是建设项目的重要组成部分，也是建筑安装工程中的一个重要内容，它能为建筑物创造一个明亮的室内环境，满足人们工作、学习、生产和生活等方面对亮度的需要，当然这些要求主要通过设计、施工等手段来满足，而我们这里主要学习怎样建立一个关于室内电气照明安装工程费用的经济文件。本章将依据《全国统一安装工程预算定额》第二册"电气设备安装工程"重点介绍电气照明系统的预算编制方法。下面我们就对与预算有关的基本知识加以介绍。

第一节 室内电气照明工程概述

一、电气照明系统

（一）电气照明的方式

电气照明主要分为工作照明和事故照明两大类。

1. 工作照明

工作照明就是能够满足一般生产、生活照度需要，并且能保证其顺利进行的照明。按照照明范围大小又可以分为：一般照明、局部照明、混合照明三种方式。

（1）一般照明：

即整体照明，是使整个房间内都具有基本均匀的照度而设置的照明，如教室、办公室等公共建筑的室内照明。

（2）局部照明：

指为满足某个局部工作面的高照度要求而设置的照明，如车间内的机床上设置的工作灯。

（3）混合照明：

指由一般照明和局部照明两种方式共同组成的照明。多见于一些工业建筑内部的照明。

2. 事故照明

当由于某些原因突然停电，正常照明工作中止，这个时候为了满足继续工作和人员的安全通行的需要而设置的照明方式称为事故照明。

（二）电气照明系统的组成

建筑物内电气照明系统包括进户线、照明配电箱、室内线路、照明灯具，其进户系统如图4-1所示。

1. 进户线

是从用户配电变压器低压侧引出的4根（其中3根相线，1根零线）电压为380/220V低压架空线上接线，接到用户屋外铁横担的一段引线称为引下线；从铁横担到室内配电箱一段导线称为进户线。进户点一般设在侧面和背面，距地 2.7m 以上，可用电缆引入，也可架空引入。多层建筑一般沿二层或三层地板引入至总配电箱。

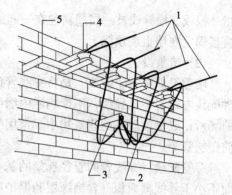

图 4-1　照明线路进户装置
1—引下线；2—进户线；3—进户管；
4—绝缘子；5—横担

2.配电箱

是接受和分配电能的电气装置，是室内重要的电器设备，它由电源系统中的开关、仪表、保护等电器组合而成。用于低压电量小的建筑物内，一般控制供电半径 30m 左右，支线 6～9 个回路。有总配电箱与分配电箱（各层）之分，干线由总配电箱引出，再向各分配电箱供电，分配电箱是控制各分路（户）电路的配电箱，通常装有电度表、熔断器、闸刀等电器设备，以记载耗电数量、保护控制电气线路。分配电箱用支线与照明灯具、插座等相连，通常用灯具开关控制灯具用电。

3.室内配线

导线在户外的走线一般是架空在电杆或外墙预埋铁横担上的。室内的导线敷设有明敷、暗敷两类，具体做法有穿管、瓷柱、夹板（瓷、塑料）、槽板（木、塑料）、铝片卡等多种方式。

（1）明敷设：

明敷设配电线路有绝缘子配线（瓷夹配线、瓷瓶配线）、槽板配线、穿管明配线、塑料护套线配线等。

1）瓷夹配线：

瓷夹配线是将导线放在瓷夹中，瓷夹用木螺钉固定在木楔子上或用胶粘剂固定在墙上或顶棚上。当导线截面为 1～4mm² 时，瓷夹的间距不超过 700mm；当导线截面为 6～10mm² 时，瓷夹间距不超过 800mm。瓷夹配线适用于一般办公和住宅建筑物。

2）瓷瓶配线：

瓷瓶配线是将导线用绑线绑扎在瓷瓶上，再用木螺钉或胶粘剂将瓷瓶固定在墙或顶棚上。当导线截面为 1～4mm² 时，瓷瓶间距不大于 2000mm；当导线截面为 6～10mm² 时，不大于 2500mm。瓷瓶配线适用于潮湿、多尘场所，如食堂、水泵房等。

3）槽板配线：

槽板配线是将导线放在槽板底板的槽中，底板用铁钉或木螺钉固定在建筑物的墙上，上面再加上盖板。

槽板配线有木槽板和塑料槽板两种。槽板配线导线不外露，使用安全，整齐美观。适用于办公及住宅建筑。

4）穿管明配线：

穿管明配线是将钢管或塑料管固定在建筑物的表面或支架上，导线穿在管中。这种方式多用于工厂车间或实验室。

5）塑料护套线配线：

塑料护套线配线是目前民用建筑照明工程中用得较多的一种配线方式。塑料护套线是指 2 根或 3 根导线被一层塑料包在一起的一种导线。用铝皮卡钉或塑料卡钉将塑料护套线直接固定在墙上或顶棚上。

（2）暗敷设：

暗敷设即穿管暗配线。是将穿线管预埋在墙、楼板或地板内，而将导线穿入管中。这种配线方式看不见导线，不影响屋内墙面的整洁美观，但费用较高。一般用于有特殊要求的场所，或标准较高的建筑物中。常用的穿线管有电线管、焊接钢管、硬质塑料管、半硬质塑料管等。

穿管配线，穿线管的管径选择的基本原则是：多根导线穿于同一线管内时，线管内截面不小于导线截面积（含绝缘层和保护层）总和的 2.5 倍；单根穿管时，线管内径不小于导线外径的 1.4~1.5 倍；电缆穿管时，线管内径不小于电缆外径的 1.5 倍。常用绝缘电线和线管的配合见表 4-1。

例如，4 根截面积为 2.5mm 的橡胶绝缘线；穿电线管敷设。由表 4-1 查得管径应不小于 25mm。穿管配线，管内的导线不得有接头。有接头时（如分支），应设接线盒，在接线盒里接头。为便于穿线，当管路过长或弯多时，也应适当地加装接线盒。规范规定，下列情况应加装接线盒。

1）管子长度每超过 30m，无弯曲时；

2）管子长度每超过 20m，有一个弯时；

3）管子长度每超过 15m，有两个弯时；

4）管子长度每超过 12m，有三个弯时。

常用绝缘电线和线管的配合　　　　　　　　　　　　　　表 4-1

导线截面积 (mm)	最 小 管 径 （mm）								
	T	SC	P	T	SC	P	T	SC	P
	2 根			3 根			4 根		
1.5	15	15	15	20	15	20	25	20	20
2.5	15	15	15	20	15	20	25	20	25
4.0	20	15	20	25	20	20	25	20	25
6.0	20	15	20	25	20	25	25	25	25
10	25	20	25	32	25	32	40	32	40
16	32	25	32	40	32	40	40	32	40
25	40	32	32	50	32	40	50	40	50
35	40	32	40	50	40	50	50	50	50
50	50	40	50	50	40	50	70	50	50
70	70	50	70	80	70	70	80	80	80
95	70	70	70	80	70	80	—	80	—

注：T—电线管；SC—焊接钢管；P—塑料管。

4．照明灯具

（1）电光源与灯具：

电光源为将电能变为光能的装置，常用的电光源有白炽灯、碘钨灯、荧光灯、荧光高压水银灯。

灯具，即使光源发出的光线进行再分配的装置。灯具还具有固定光源、保护光源、装饰美化建筑的作用。

根据光通量重新分配的情况不同，灯具分为直射照明型，如深照型灯具；半直射照明型，如家用塑料碗形灯；漫射式照明型，如乳白玻璃圆球灯；间接照明，如金属制反射型吊灯等。

（2）灯具常用的安装方式：

1）吸顶式：

将照明灯具直接安装在顶棚上，称为吸顶式。为了防止眩光，常采用乳白玻璃吸顶灯和乳白塑料吸顶灯。

2）嵌入式：

将照明灯具嵌入顶棚内的安装方式，称为嵌入式。具有吊顶的房间常采用嵌入式。

3）悬挂式：

用软导线、链子等将灯具从顶棚处吊下来的方式，称为悬挂式。这是一种在一般照明中使用较多的安装方式。

4）壁装式：

用托架将照明灯具直接安装在墙壁上称为壁装式。壁装式照明灯具主要作为装饰之用，兼作局部照明，是一种辅助性照明。

（3）灯具的安装高度：

为了限制眩光，要正确选择灯具的悬挂高度。灯具的悬挂高度由设计决定，并在施工图中加以标注。照明灯具距楼地面的最低悬挂高度见表4-2。

照明灯具距楼地面的最低悬挂高度　　　　　　表 4-2

光源种类	灯具型式	光源功率（W）	最低悬挂高度（m）
白炽灯	有反射罩	≤60 100～150 100～300 ≥500	2.0 2.5 3.5 4.0
	有乳白玻璃漫反射罩	≤100 150～200 300～500	2.0 2.5 3.0
碘钨灯	有反射罩	≤500 1000～2000	6.0 7.0
荧光灯	无反射罩	<40 >40	2.0 3.0
	有反射罩	≥40	2.0
荧光高压汞灯	有反射罩	≤125 250 ≥400	3.5 5.0 6.0
高压汞灯	有反射罩	≤125 250 ≥400	4.0 5.5 6.5

二、常用电工材料和电气设备

电气安装工程可以理解为一系列电工材料和电气设备的有机结合。因此，掌握常用电工材料和电气设备的性能、规格、用途等基本常识，对于熟悉电气专业基础知识，正确编制电气安装工程预算，具有十分重要的意义。

下面简单介绍电气安装工程中常用的电工材料和电气设备。

1. 导线

导线是用于传送电能的金属材料，分为裸线与绝缘线（绝缘材料为橡胶、聚氯乙烯）两类。一般室内外配线有铜芯、铝芯两种。铝芯导线比铜芯导线电阻大、强度低，但价廉、质轻。常用配电导线型号、用途见表 4-3。

常用配电导线型号、用途 表 4-3

型　　号	名　　称	适 用 范 围
BLX	棉纱编织的铝芯橡皮线	500V，户内和户外固定敷设用
BX	棉纱编织的铜芯橡皮线	500V，户内和户外固定敷设用
BBLX	玻璃丝编织的铝芯橡皮线	500V，户内和户外固定敷设用
BBX	玻璃丝编织的铜芯橡皮线	500V，户内和户外固定敷设用
BLV	铝芯塑料线	500V，户内固定敷设用
BV	铜芯塑料线	500V，户内固定敷设用
BLVV	铝芯塑料护套线	500V，户内固定敷设用
BVV	铜芯塑料护套线	500V，户内固定敷设用
BVR	铜芯塑料软线	500V，要求比较柔软时用
BVR	平行塑料绝缘软线	550V，户内连接小型电器在移动或平移动时敷设用

注：单根导线的截面等级为 1.5、2.5、4、6、10、16、25、35、50、70、95、120……（mm^2）。

2. 电缆线

将一根或数根绞合而成的线芯，裹以相应的绝缘层，外面包上密封外护层，这种导线称为电缆线。按金属导电材料分，有铜芯、铝芯两种；按绝缘材料分为纸绝缘、塑料绝缘、橡胶绝缘等；按用途分有电力电缆（高压、低压）（见表 4-4）和控制电缆两类。还可以按股数多少分为多种。

常用电力电缆的型号 表 4-4

型　号	名　　称		规　格	适 用 范 围
YHQ	橡皮套电缆	软型橡皮套电缆		交流 250V 以下移动式用电装置，能承受较小机械力
YHZ		中型橡皮套电缆		交流 500V 以下移动式用电装置，能承受相当的机械外力
YHC		重型橡皮套电缆		交流 500V 以下移动用电装置，能承受较大机械外力
铜芯 VV29 铝芯 VLV29	电力电缆	聚氯乙烯绝缘聚氯乙烯护套销装电力电缆	1~6kV 一芯 10~800mm^2、二芯 4~150mm^2、三芯 4~300mm^2、四芯 4~185mm^2	敷设于地下，能承受机械外力作用，但不能承受大的拉力
铜芯 KVV 铜芯 KLVV	控制电缆	聚氯乙烯绝缘聚氯乙烯护套控制电缆	500V 以下，KVV-4-37/0.75 ~ 10mm^2、KLVV-4-37/1.5 ~ 10mm^2	敷设于室内、沟内或支架上

我国电缆产品的型号采用汉语拼音字母组成，有外护层时则在字母后加两个数字。字母含义及排列次序见表 4-5；外护层的两个数字，前一个数字表示铠装结构，后一个数字

表示外被层结构，数字代号的含义见表 4-6。

电缆型号中字母含义及排列次序   表 4-5

类 别	绝缘种类	线芯材料	内 护 层	其他特征	外 护 层
电力电缆（不表示） K—控制电缆 P—信号电缆 Y—移动式软电缆 H—市内电话电缆	Z—纸绝缘 X—橡皮绝缘 V—聚氯乙烯 Y—聚乙烯 YJ—交联聚乙烯	T—铜（一般不表示） L—铝	Q—铅包 L—铝包 H—橡套 V—聚氯乙烯套 Y—聚乙烯套	D—不滴流 F—分相护套 P—屏蔽 C—重型	2 个数字 （见表 4-6）

电缆的敷设有土中直埋、地下穿管、沟内架空等方式。电缆的终端接头和中间接头称为电缆头，有多种形式，采用专门的制作工艺。

3．绝缘材料

电缆外护层代号的含义   表 4-6

第一个数字		第二个数字	
代 号	铠装层类型	代 号	外被层类型
0	无	0	无
1	—	1	纤维绕包
2	双钢带	2	聚氯乙烯护套
3	细圆钢丝	3	聚乙烯护套
4	粗圆钢丝	4	—

绝缘材料是保证用电安全的基本材料，总的可分为无机材料（云母、石棉、瓷、玻璃、大理石……）、有机材料（橡胶、树脂、棉纱、纸、麻……）和混合材料（有机、无机混合制品）三大类。

线路工程中，普遍用于架线的是瓷质绝缘子（成品），如瓷夹板、瓷柱（炮丈白料）、针式、蝴蝶形以及各种悬挂式绝缘子。电工胶带是最常见的接线包裹绝缘材料。

4．电线管材

电线管是导线敷设中常用的暗敷材料，主要用来保护电线和电缆。直径有 10、15、20、25、32、40、50（mm）等规格，因材料不同，常用以下几种：

（1）焊接钢管（镀锌管、黑铁管），多用于动力线路或底层地墙内暗配管，在受力环境中使用较安全；

（2）电线管（涂漆薄型管），多用于照明配线及干燥环境中；

（3）硬塑料管（聚氯乙烯管），价格低、耐腐蚀、施工方便，在照明配线上广泛采用；

（4）金属软管（蛇皮管），多用于移动场所；

（5）瓷短管，多用于导线穿墙、穿楼板或导线交叉。

5．电气仪表

为了量测电气线路及电气装置、设备的电工指标，根据电气原理（电磁、电动、感应等）设计有许多种电气仪表。例如电压表、电流表、功率表、电度表、功率因素 $\cos\phi$ 表、万用表、电阻摇表等。测量方法有直读式和比较式两类，各种仪表在量测精度上也有具体等级规定。

6．熔断器

熔断器是最简单的一种保护电器，它串联在电路中，利用热熔断路原理，防止过载、短路电流通过电路，以保护电器装置和线路的安全。常用的高压熔断器有 RN1、RN2 型户内式，RW4 型户外跌落式等；低压熔断器有瓷插式、螺塞式、密闭管式（RM10 常用）、填料式（RTO 常用）等。

7. 自动空气开关

自动空气开关是广泛用于 500V 以下的交直流低压配电装置中的保护性开关电器。当电路中出现过载、短路、欠压、失压时，自动开关能自动切断电源。自动开关分塑料外壳（装置式）和框架式（敞开式）两大类。由于自动开关具有较完善的灭弧罩，因此，不仅能通断负荷电流，也能通断短路电流，还可以通过脱钩器自动跳闸。但跳闸后必须手动合闸，方可恢复电路运行。

8. 低压开关

在低压电路中，开关被用于直接断通电路。开关的形式和种类很多，常用低压开关有：

（1）闸刀开关：用于小电流低压配电系统中，不频繁断通电路。有胶盖、铁盖两种，并有单相、三相之分。如 3P-30A 表示三相闸刀开关，额定电流 30A。

（2）灯具开关：有翘板开关，拉线开关等品种。

（3）其他开关：限位开关用于设备限位操纵；按钮为短时断通电路，用于二次线路中作起动和控制电气设备。

9. 插座

插座是移动式电气设备（台灯、音响、电视机、空调等）的供电点。动力电用三相四眼插座，单相电气设备用单相三眼（有机壳接零）或单相二眼插座。插座有明装、暗装两种安装方式。

10. 用电设备

常用的电气设备可分为以下几类：

（1）照明设备——普通灯具（白炽灯、荧光灯、水银灯、碘钨灯等）、各种开关、特殊灯具（防水、防爆型）等；

（2）家用电气——电风扇、电视机、空调、电冰箱、洗衣机等；

（3）电热设备——微波炉、电热毯、电熨斗、电吹风等；

（4）动力设备——电动机、水泵、电梯等；

（5）弱电设备——电话、有线广播、闭路电视等；

（6）防雷接地——避雷针、避雷网、接地装置等；

（7）装饰用电——彩灯、霓虹灯等。

以上介绍的只是一些常用材料和电器的用途、品种等基本概念，而规格型号受篇幅限制未予详述，在预算编制中可参见有关资料。需要指出的是：低压电器的规格中，要特别注意额定功率、额定电压和额定电流三个指标。而在额定电压（低压 500/250V）固定的情况下，额定电流是电器选择的主要指标。一般额定电流分为 5、10、15、30、60、100、200（A）等级别，电器的级别也以此为依据。

第二节　电气照明施工图的识读

电气照明施工图是表示室内电气照明系统中的电气线路及各种电气设备、元器件、装置的规格、型号、位置、数量、装配方式及其相互关系和连接的安装工程设计图。它是指导建筑电气施工、编制预算的主要依据。要编制好电气照明安装工程预算，首先要看懂电气照明施工图，而识读电气照明施工图，就必须弄清各电气照明施工图所表达的设计内容、相互关系、图中的各种符号、图例和标注的含意。

一、电气照明施工图的主要内容

1．首页

主要包括图纸目录、图例等，图纸目录应有编号、图纸名称、图幅、张数、备注等内容。

2．设计（施工）说明

当系统图和平面图所显示的内容还不能满足施工的需要时，而有些问题又是施工必须了解的内容，就可以通过设计说明的方式来补充。例如，供电方式、电压等级、进户线的距地高度、配电箱的安装高度、灯具开关和插座的安装高度、部分干线和支线的敷设方式和部位、导线种类和规格及截面积大小等内容。这些问题一般就必须在设计说明中用文字加以说明。

3．电气照明系统图

电气照明系统图是依据用电量和配电方式用图例、符号、线路绘制出来的网络连接示意图。系统图是示意性地把整个工程的供电线路用单线连接形式表示的线路图，它不表示空间位置关系。

通过识读系统图可以了解以下内容：

（1）整个配电系统的连接方式，从主干线至各分支回路分级控制，有多少个分支回路。

（2）主要配电设备的名称、型号、规格、容量及数量。

（3）主干线路的相数、线路编号、敷设方式、型号、规格。

4．电气照明平面图

电气平面图是表示电气设计各项内容的平面布置图，它是电气施工中的主要图纸。多层建筑应每层有一张平面图，布置相同时可用一张"标准层"平面图代替。电气平面图主要表示配电表盘、电线走向、灯具电器、用电设备、电气装置等在平面上的位置，同时标注其电线规格、电线数量、设备型号、安装方式及标高等内容。为了正确、全面、简明地表达电气设计内容，提高图纸设计速度，电气照明施工图根据专业特点，制定了一整套电气设计的图例、符号、标注的规定。常用制图符号规定见下列各表（表4-7～表4-10）。

常用照明灯具图形符号　　　　　　　　　　　　　　　　表 4-7

序号	名　称	图形符号	说　明	序号	名　称	图形符号	说　明
1	灯	$\otimes$	灯具一般符号	7	弯灯	⌒○	
2	投光灯	$\otimes\!\!\!\!\rightarrow$		8	防水防尘灯	$\otimes$	
3	荧光灯	⊢──┤	本例为单管荧光灯	9	壁灯	◖	
4	应急灯	▨	自带电源的事故照明装置	10	安全灯	⊖	
5	球形灯	●		11	信号灯	⊗	
6	顶棚灯	⏥		12	深照型灯	⋀	

63

序号	名 称	图形符号	说 明	序号	名 称	图形符号	说 明
1	开关		开关一般符号	13	三极开关		防爆
2	单极开关		单极开关	14	单极双控拉线开关		
3	单极开关		暗装	15	单极拉线开关		
4	单极开关		密闭（防水）	16	双控开关（单极三线）		
5	单极开关		防爆	17	具有指示灯的开关		
6	双极开关		双极开关（明装）	18	多拉开关		用于不同照度
7	双极开关		暗装	19	中间开关		
8	双极开关		密闭（防水）	20	调光器		
9	双极开关		防爆	21	按钮		
10	三极开关		明装	22	定时开关		
11	三极开关		暗装	23	钥匙开关		
12	三极开关		密闭（防水）	24	风扇调速开关		

序号	名 称	图形符号	说 明	序号	名 称	图形符号	说 明
1	照明配电箱			5	钟		
2	轴流风扇			6	电阻加热器		
3	风扇		吊式风扇	7	直流电动机		
4	电度表	Wh	瓦特小时计	8	刀开关箱		

名 称	图形符号	名 称	图形符号	名 称	图形符号
单相插座		带保护接点插座		扬声器插座	
暗装单相插座		带接地插孔三相插座		插座箱	
密闭单相插座		带熔断器的插座		有护板的插座	
防爆单相插座		电信插座		有单极开关的插座	

标在电气照明平面图上的电气线路多是用单线表示的。即每一回路的线路只画一根线，实际的导线根数可在单线上打斜短线表示。两根导线打两根斜短线，即"＃"；三根导线时，打三根斜短线，即"＃—"；也可用一根斜短线和标注阿拉伯数字的方法

表示多根导线，如"—/³"即表示三根导线。

5．电气工程详图

电气工程详图是指盘、柜的平面布置图和某些电气部件的安装大样图。安装大样图是按照机械制图方法绘制的图纸，用来详细表示设备的安装方法，也用来指导施工和编制工程材料计划。特别是对于初学安装的人员更显重要，甚至可以说是不可缺少的。大样图的特点，是对安装部件的各部位都注有详细尺寸，一般是在没有标准图可选用并有特殊要求的情况下才绘制。

6．主要设备材料表

主要设备材料表是编制购置主要设备、材料计划的主要依据，但是它的计算方法和要求与工程量的不同，所以不能作为工程量用于编制预算，只能作为参考数据。

二、识图实例

熟悉和识读电气施工图，应注意以下几点：

(1) 必须熟悉电气图的图例、符号、标注及画法；

(2) 要有电气应用的基本知识和安装施工概念；

(3) 要具备投影制图知识，建立空间思维，分析正确的走线方向；

(4) 电气图与建施图，必须对照识读；

(5) 一定要掌握比例尺的应用方法；

(6) 需要明确预算识图的目的，在于计算工程量和定额套价；

(7) 识图应开动脑筋，善于发现图中错误（矛盾），要善于动手在图纸上作标记；

(8) 与样图（国家标准图）结合；

(9) 注意平面图只表示设备和线路的平面位置，而不反映空间高度，防止在工程预算中造成大量垂直敷设管线的漏算。

只要做到以上几点，就能很快掌握电气图的规律，同时注意与实物结合，加强识读电气图的练习，坚持理论与实践结合是提高电气识图能力的最好方法。这样才能保证在准确识读施工图的基础上编制出可行的和准确的施工方案和工程预算。

现以某居民住宅楼电气照明施工图为例，来识读电气施工图。

(一) 设计说明

(1) 电源自室外架空线路引入，从二层进户，室外埋设接地极，接地电阻 $R < 10\Omega$，引出接地线作为 PE 线随电源引入室内；

(2) 电源为三相四线，电压为 380/220V，进户导线采用 BLV-500-4×16mm²，负荷为三相平衡分配；一层配线：插座电源导线采用 BLV-500-4×2.5mm²，穿 DN20 普通水煤气管埋地暗敷；二层配线：为塑料管暗敷及在多孔板孔内暗敷，导线采用 BLV-500-2.5mm²；楼梯间：均采用塑料管墙内暗敷。

(3) 本工程各楼层楼板为预制钢筋混凝土空心板，采用板孔穿线，五层屋顶为现浇板，采用塑料管暗设，墙体为普通黏土砖砌筑，沿墙配线采用塑料管穿线，电源进线和各层配电盘之间的电源导线采用钢管穿线暗设，墙厚为 240mm，板开关距地面 1.4m，插座距地面 1.8m。

(4) 防潮式吊线灯，60W，安装高度 2.5m。吊链简易开启荧光灯，YJQ-1/40-140W，安装高度 2.5m。配电箱 MX1-1 型：长×宽×厚 = 350mm×400mm×125mm。配电箱 MX₂-2

型：长×宽×厚=500mm×400mm×125mm。配电箱安装高度1.6m，配电箱分支回路采用BLV-500-2.5。

（二）电气照明系统图

图4-2所示是一栋三层两个单元的居民住宅楼的电气照明系统图。

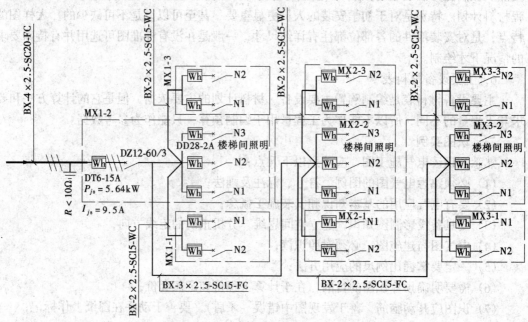

图4-2　电气系统图

电气照明系统图从左至右依次叙述。

1. 供电系统

（1）供电电源的种类：

建筑照明通常采用220V的单相交流电源。但是负荷较大时，可采用380V/220V的三相四线制电源供电，电源用下面的形式表示：$m \sim f(U)$，m表示电源相数，f表示电源频率，U表示电压。图中进户线旁的标注是$3N \sim 50Hz$（380V/220V），表示该建筑物供电电源为三相四线制电源（N代表零线），电源频率为50Hz，电源电压为380V/220V。

（2）进户线的规格型号、敷设方式和部位、导线根数：

在系统图中，进户线和干线的型号、截面大小、穿管直径和管材、敷设方式和敷设部位等均为重要内容，有必要通过一定的表达方式告诉施工人员。配电导线的表示方法为：

$$a - b(c \times d)e - f \text{或} a - b(c \times d + c \times d)e - f$$

式中　a——回路编号（回路少时可省略）；

　　　b——导线型号（导线型号代号见表4-3）；

　　　c——导线根数；

　　　d——导线截面面积，mm^2；

　　　e——导线敷设方式及管材管径；

　　　f——敷设部位。

线管材质及敷设方式见表4-11，线路敷设部位符号见表4-12。

66

结合以上知识，从进户线标注 BX500V（4×2.5）SC20-FC 可知：进户线为铜芯橡胶绝缘线，共 4 根导线，其中一根为零线。导线截面积为 2.5mm²。敷设方式为穿管暗敷，管径为 20mm，管材为钢管。敷设部位是沿地板暗敷。

线管材质及敷设方式　　　　　　　　　　　　　　　　　　　　表 4-11

管　　材	旧符号	新符号	敷　设　方　式
电线管	DG	T	
焊接钢管	G	SC	
钢管	GG	S	E（旧号 M）明敷
塑料管（硬质）	VG、SG	P	C（旧号 A）暗敷
塑料管（半硬质）	RVG	P	
金属软管	SPG	F	

线路敷设部位符号　　　　　　　　　　　　　　　　　　　　表 4-12

敷设部位	新符号	旧符号	敷设部位	新符号	旧符号
沿梁	B	L	沿构架	R	
沿顶棚	CE	P	沿吊顶	AC	
沿柱	C	Z	沿墙	W	Q
沿地面（板）	F	D	明　敷 暗　敷	E C	M A

（3）其他技术要求：

进户线旁有一接地符号，并有 $R < 10\Omega$ 的标注，表明进户线要接地，接地电阻不得大于 10Ω。

2．总配电箱

（1）总配电箱的型号和内部组成。进户线首先进入总配电箱。总配电箱在二楼，型号为 XXB01-3。总配电箱内装 DT6-15A 型三相四线制电度表 1 块；三相自动开关 1 个，型号为 DZ12-60/3 型；二楼分配电箱也在总配电箱内，因此在总配电箱中还装有单相电度表 3 块，型号为 DD28-2A；单相自动开关 3 个，型号为 DZ12-60/1 型。

（2）计算功率、计算电流及功率因数。供电线路计算总功率为 5.64kW（符号为 P_{js}）、计算电流为 9.5A（符号为 I_{js}）、功率因数 $\cos\phi$ 为 0.9。

3．分配电箱

（1）分配电箱的设置：

整个系统共有 10 个配电箱。每个单元每个楼层都配置一个分配电箱。一单元二楼分配电箱和总配电箱在一起。

（2）分配电箱规格型号和构成：

各楼的配电箱型号均为 XXB01-3。每个箱内都有三个回路。每个回路上装有一个 DD28-2A 型单相电度表，共 3 块电度表；每个回路上各装一个单相低压断路器，共 3 个断路器，型号为 DZ12-60/1。三个回路中的一个回路供楼梯照明，其余两个回路各供一个用户用电。

4. 供电干线、支线

图 4-2 中所示，从总配电箱引出 3 条干线。其中两条分别供一楼和三楼用电。这两条干线均标注 BX500V（2×2.5）SC15-WC。表明这两条干线均由两根铜芯橡胶绝缘线组成；导线截面积为 2.5mm²；敷设方式为穿管暗敷，穿线管为焊接钢管，钢管直径为 DN15；敷设部位为沿墙敷设。

另一条干线引到二单元二楼配电箱供二单元用电。该干线标注为 BX500V（3×2.5）SC15-FC，表明该干线由 3 根铜芯橡胶绝缘线组成；导线截面积为 2.5mm²；敷设方式为穿管暗敷；管材为焊接钢管，管径为 DN15；敷设部位为沿地板敷设。

二单元二楼配电箱又引出 3 条干线，其中两条分别供该单元一、三楼用电，另一干线引至三单元二楼配电箱。干线标注为 BX500V（2×2.5）S15-FC，说明该干线由铜芯橡胶绝缘线 3 根组成；导线截面积为 2.5mm²。敷设方式和部位为：穿直径为 15mm 的焊接钢管，沿地板暗敷。

三单元二楼配电箱引出两条干线分别到三楼、一楼配电箱，供这两楼层用电。

在系统图中，部分干线和所有支线没有标明线型、截面积、敷设部位和方式。这些可以到设计说明中找答案。

有些内容在系统图中也不易表示清楚，需要与平面图对照起来，才能弄清设计意图。如供电线路进户点的具体位置。下面再来阅读平面图。

（三）电器照明平面图

从平面图 4-3 上可以看出进户线、配电箱的位置；线路走向、引进处及引向何处；灯具的种类、位置、数量、功率、安装方式和高度；开关、插座的数量、安装方式和位置。

电源由二层引入，经配电箱分三条支路，N_1、N_2 通向两个用户，N_3 为楼梯间供电回路。除二层三路支线外，由四路干线通向底层和三、四、五层。从二层起，布置与底层基本相同。

1. 建筑平面布置图

图 4-3 所示是一单元二层电气照明平面图。从图中可知，本楼层有两个用户（其他层同样），每户三室一厅，一个厨房，一个卫生间，大小共 6 个房间。

2. 线路走向

总配电箱暗装于走廊墙内，从总配电箱内共引出六路线：一路送至二单元二楼配电箱，由 3 根导线组成；一路供楼梯间照明用电，由两根导线组成；两路分别引入本层两个用户，各由两根导线组成；还有两路分别引向本单元一楼和三楼配电箱去的线路，在平面图上是用"✓"表示的。我们在总配电箱附近，进户线上可以看到这样一个符号，这就表示三楼、一楼的电线是从这里引上、引下的。

从配电箱引出供用户用电的电源线，首先进入客厅，并从此引出两根导线到该房插座，再引出两根导线到餐厅，从餐厅引出两根线到卧室。电源线进户后同时引出 3 根线到客厅供照明灯用，其中有一根零线，一火一零供灯，一火一零进入卧室。再由餐厅引到书房。

3. 用电设备

该平面图所标注的用电设备有灯具、插座和开关。

（1）灯具：

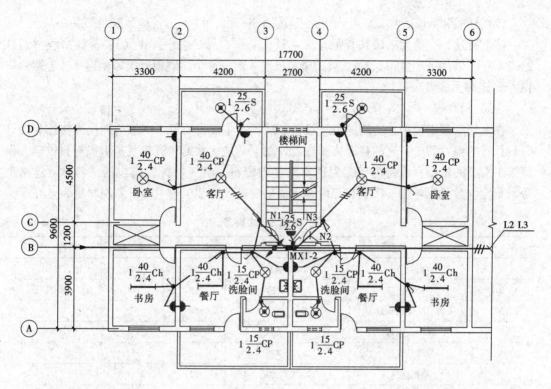

图 4-3　二层电器照明平面图

灯具的标注方法：

$$a - b\frac{c \times d \times l}{e}f, \text{吸顶灯具为 } a - b\frac{c \times d \times l}{\sim}f$$

式中　a—灯具数量；b—灯具型号或编号，详见表 4-14；c—每盏照明灯具的灯泡（管）数量；d—灯泡（管）容量，W；e—灯泡（管）安装高度，m；f—灯具安装方式（W、CP、Ch、P），详见表 4-13；l—光源种类。

灯具安装方式代号　　　　　　　　　　　　　　表 4-13

安装方式	代　号	安装方式	代　号	安装方式	代　号
吊线灯	CP	吊管灯	P	墙壁灯	W
吊链灯	Ch	吸顶灯	S	嵌入灯	R

常用灯具类型的符号　　表 4-14

	符号	灯具名称	符号
普通吊灯	P	工厂一般灯具	G
壁灯	B	荧光灯灯具	Y
花灯	H	隔爆灯	G 或专用代号
吸顶灯	D	水晶底罩灯	J
柱灯	Z	防水防尘灯	F
卤钨探照灯	L	搪瓷伞罩灯	S
投光灯	T	无磨砂玻璃罩万能型灯	W

1 号房和 2 号房各装吊链式荧光灯一个，符号为"▬▬"，标注为 $1\frac{40}{2.4}$Ch，40 表示功率为 40W，2.4 表示安装高度为 2.4m，Ch 表示吊链式。3 号房装壁灯一只，功率为 15W，安装高度为 2m。4 号和 5 号房各装吊线灯一只，功率为 40W，安装高度为 2.4m。6 号房安装吊线式防水防尘灯一只，功率为 25W，安装高度 2.6m。

（2）开关和插座：1、2、4、5房各暗装插座一个，1~6房各暗装跷板开关一只。

综上所述，一单元二层共有荧光灯4只（一户2只，两户共4只）、普通吊线白炽灯 $2 \times 2 = 4$ 只、防水防尘灯 $1 \times 2 = 2$ 只、单相插座 $4 \times 2 = 8$ 个、跷板开关 $6 \times 2 + 1$ （走廊）$= 13$ 个，走廊另装有吸顶灯一只。

（四）材料表

在电气安装工程中，所用的电气设备、装置、主要材料等，一般均列出表格作为设计资料，有的独立列表，有的将表格画在设计图上。这些数据和资料既是组织材料供应、保证施工需要的依据，也是电气工程预算的基础资料。电气材料表应包括：名称、规格型号、单位、数量、备注（厂家）等内容。该建筑电气安装工程主要设备材料见表4-15。

主要设备材料表 表4-15

序 号	材料名称	规格型号	数量	单 位	备 注
1	白炽灯	220V 40W	36	个	
2	壁灯	220V 15W	18	个	
3	防水防尘白炽灯	220V 25W	18	个	
4	吸顶白炽灯	220V 40W	9	个	
5	带罩日光灯	220V 40W	36	套	
6	单相插座	220V 10A	72	个	
7	跷板开关	220V 6A	117	个	
8	总配电箱		1	套	
9	分配电箱	XXB01-2	6	套	
10	分配电箱	XXB01-3	2	套	
11	三相电能表		1	块	装于配电箱内
12	单相电能表		21	块	装于配电箱内
13	三相断路器		1	个	装于配电箱内
14	单相断路器		21	个	装于配电箱内
15	铜芯橡胶绝缘线	BX500V-2.5mm²		m	
16	铝芯橡胶绝缘线	BLX500V-2.5mm²		m	
17	焊接钢管	DN20、DN15		m	

电气安装施工图的识读，应根据上述内容逐项进行。一般可按以下步骤：

（1）首先按目录核对图纸数量，查出涉及到的标准图；

（2）仔细阅读设计（施工）说明；了解材料表内容及电气设备型号含意；

（3）从总平面图上，分析电源进线；

（4）由电气平面图上，识读电气设备布置，线路编号及走向，导线规格、根数及敷设方式；

（5）查看系统图（或原理图），对照平面图，分析上下、内外、主支线的关系，明确配电箱包含的电气件内容；

（6）对照详图、标准图，了解施工做法。

第三节 工程量的计算规则及定额的应用

一、室内电气照明工程量计算规则

室内电气照明工程量计算不仅材料的品种、型号、规格较多，而且受电工指标（电压、电流、容量等）、安装方式、安装位置和施工条件等影响。因此，一般分为线路敷设和电气设备、电气装置两部分进行，并按一定顺序逐条干线、逐条支线、逐项用电器、逐个楼层依次计算，然后按定额顺序逐项整理。由于本书主要介绍室内电气照明工程的预算编制工作，因此这里只是简要介绍一些相关的工程量计算规则，读者可以查阅其他相关资料。

（一）控制设备及低压电器

1. 计算要点

室内电气照明的控制设备主要是配电箱，即总配电箱和分户表箱。如分户表箱、板是工厂批量生产的，箱内的表、熔断器、开关等是装好配套出厂的，安装时可套用《全国统一安装工程预算定额》第二册电气设备安装工程（GYD-202-2000）第四章成套配电箱安装项目。工作内容包括：开箱、检查、安装、查校线、接地。如只有空箱、板，而电度表、熔断器等需现场组装时，则安装按半周长套小型配电箱、板安装子目。如配电箱、盘、盒、板是现场制作的，则制作套用箱、盘、盒、板制作项目。

电度表的安装（不分单相和三相），套用第四章"测量表计"子目。

2. 控制设备工程量计算规则和方法

（1）控制设备及低压电器安装均以"台"为计量单位。按施工图所示数量计算。以上设备安装均未包括基础槽钢、角钢的制作安装，其工程量应按相应定额另行计算。

小型配电箱安装定额项目内，未包括箱内配电板制作安装，板上的电气元件安装，配线、接线端子等工作内容的，应按实另套本章有关子目。小型配电箱（板）安装不分材质，均按箱、板体的半周长分规格计算，以"台"为计量单位，按施工图所示数量计算。

半周长 = 箱（板）正面高度 + 宽度

（2）铁构件制作安装均按施工图设计尺寸，以成品重量"kg"为计量单位。

（3）网门、保护网制作安装，按网门或保护网设计图示的框外围尺寸，以"m²"为计量单位。

（4）盘柜配线分不同规格，以"m"为计量单位。

（5）盘、箱、柜的外部进出线预留长度按表 4-16 计算。

盘、箱、柜的外部进出线预留长度（单位：m/根）　　　　表 4-16

序 号	项 目	预留长度	说 明
1	各种箱、柜、盘、板、盒	高 + 宽	盘面尺寸
2	单独安装的铁壳开关、自动开关、刀开关、启动器、箱式电阻器、变阻器	0.5	从安装对象中心算起
3	继电器、控制开关、信号灯、按钮、熔断器等小电器	0.3	从安装对象中心算起
4	分支接头	0.2	分支线预留

（6）配电板制作安装及包薄钢板。按配电板图示外形尺寸，以"m²"为计量单位。

（7）焊（压）接线端子定额只适用于导线，电缆终端头制作安装定额中已包括压接线端子，不得重复计算。

（8）端子板外部接线按设备盘、箱、柜、台的外部接线图计算，以"个"为计量单位。

（9）盘、柜配线定额只适用于盘上小设备元件的少量现场配线，不适用于工厂的设备修、配、改工程。

（二）配管、配线

1．计算要点

室内电源是从室外低压配电线上接线的，室内外电气线路通常以架空线进线横担分界。配管、配线通常是指从配电控制设备到用电器具的配电线路和控制线路敷设，按施工方法分为明配和暗配。

所谓明配管是指沿墙壁、顶棚、梁、柱、钢结构支架等外表面敷设配线管的施工方法；暗配管是指在土建施工时，将管子预先埋设在墙壁、楼板或顶棚等内部的配管方法。

各种配管工程，应区别配管方式，配管工程按不同的管材、不同的公称直径分明配和暗配两种形式，套用相应定额子目。

工作内容包括：对电线管、钢管、防爆钢管的敷设为测位、划线、打眼、埋螺栓、锯管、套螺纹、煨弯、配管、接地、刷漆。对硬塑料管的敷设为测位、划线、打眼、埋螺栓、锯管、煨弯、接管、配管。对半硬塑料管的敷设为测位、划线、打眼、刨沟、敷设、抹砂浆保护层。

2．计算规则和方法

（1）各种配管应区别不同敷设方式、敷设位置、管材材质、规格，以"延长米"为计量单位，不扣除管路中间的接线箱（盒）、灯头盒、开关盒所占长度。其水平长度可按建筑平面图、电气平面图所示量或按图示尺寸计算；垂直高度可按建筑立面图、剖面图等所示有关标高计算；细部可按标准图所示尺寸计算。

（2）定额中未包括钢索架设及拉紧装置、接线箱（盒）、支架的制作安装，其工程量应另行计算。

（3）管内穿线的工程量，应区别线路性质、导线材质、导线截面，以单线"延长米"为计量单位计算。线路分支接头线的长度已综合考虑在定额中，不得另行计算。

照明线路中的导线截面大于或等于 6mm² 以上时，应执行动力线路穿线相应项目。

（4）线夹配线工程量，应区别线夹材质（塑料、瓷质）、线式（二线、三线）、敷设位置（木、砖、混凝土）以及导线规格，以线路"延长米"为计量单位计算。

（5）绝缘子配线工程量，应区别绝缘子形式（针式、鼓形、蝶式）、绝缘子配线位置（沿屋架、梁、柱、墙，跨屋架、梁、柱、木结构、顶棚内、砖、混凝土结构，沿钢支架及钢索）、导线截面积，以线路"延长米"为计量单位计算。

绝缘子暗配，以引下线接线路支持点至顶棚下缘距离的长度计算。

（6）槽板配线工程量，应区别槽板材质（木质、塑料）、配线位置（木结构、砖、混凝土）、导线截面、线式（二线、三线），以线路"延长米"为计量单位计算。

（7）塑料护套线明敷工程量，应区别导线截面、导线芯数（二芯、三芯）、敷设位置

（木结构、砖混凝土结构、沿钢索），以单根线路"延长米"为计量单位计算。

（8）线槽配线工程量，应区别导线截面，以单根线路"延长米"为计量单位计算。

（9）钢索架设工程量，应区别圆钢、钢索直径（φ6、φ9），按图示墙（柱）内缘距离，以"延长米"为计量单位计算，不扣除拉紧装置所占长度。

（10）母线拉紧装置及钢索拉紧装置制作安装工程量，应区别母线截面、花篮螺栓直径（12、16、18），以"套"为计量单位计算。

（11）车间带形母线安装工程量，应区别母线材质（铝、钢）、母线截面、安装位置（沿屋架、梁、柱、墙，跨屋架、梁、柱）以"延长米"为计量单位计算。

（12）动力配管混凝土地面刨沟工程量，应区别管子直径。以"延长米"为计量单位计算。

（13）接线箱安装工程量，应区别安装形式（明装、暗装）、接线箱半周长，以"个"为计量单位计算。

（14）接线盒安装工程量，应区别安装形式（明装、暗装、钢索上）以及接线盒类型，以"个"为单位计算。

（15）灯具、明暗开关、插座、按钮等的预留线，已分别综合在相应定额内，不另行计算。

配线进入开关箱、柜、板的预留线，按表4-15规定的长度，分别记入相应的工程量。

配线进入箱、柜、板的预留线（每一根线）　　　　表4-17

序号	项目	预留长度	说明
1	各种开关、柜、板	宽+高	盘面尺寸
2	单独安装（无箱、盘）的铁壳开关、闸刀开关、启动器、线槽进出线盒等	0.3m	从安装对象中心算起
3	由地面管子出口引至动力接线箱	1.0m	从管口计算
4	电源与管内导线连接（管内穿线与软、硬母线接点）	1.5m	从管口计算
5	出户线	1.5m	从管口计算

（三）照明器具安装

1. 计算要点

照明器具是照明工程的重要组成部分之一，包括灯具和开关、按钮、插座、安全变压器、电铃、风扇等的安装。照明器具安装工程量计算，是按电气照明施工平面图所示数量，依次、分层、分品种进行计算。

（1）各型灯具的引导线，除注明者外，均已综合考虑在定额内，执行时不得换算。

（2）路灯、投光灯、碘钨灯、氙气灯、烟囱或水塔指示灯，均已考虑了一般工程的高空作业因素，其他器具安装高度如超过5m，则应按册说明中规定的超高系数另行计算。

（3）定额中装饰灯具项目均已考虑了一般工程的超高作业因素，并包括脚手架搭拆费用。

（4）装饰灯具定额项目与示意图号配套使用。

（5）定额内已包括利用摇表测量绝缘及一般灯具的试亮工作（但不包括调试工作）。

2. 计算规则

(1) 普通灯具安装的工程量，应区别灯具的种类、型号、规格以"套"为计量单位计算。普通灯具安装定额适用范围见表4-18。

普通灯具安装定额适用范围　　　　　　　　　　　　　　　　　表 4-18

定 额 名 称	灯 具 种 类
圆球吸顶灯	材质为玻璃的螺口、卡口圆球独立吸顶灯
半圆球吸顶灯	材质为玻璃的独立的半圆球吸顶灯、扁圆罩吸顶灯、平圆形吸顶灯
方形吸顶灯	材质为玻璃的独立的矩形罩吸顶灯、方形罩吸顶灯、大口方罩顶灯
软线吊灯	利用软线为垂吊材料、独立的，材质为玻璃、塑料、搪瓷，形状如碗伞、平盘灯罩组成的各式软线吊灯
吊链灯	利用吊链作辅助悬吊材料、独立的，材质为玻璃、塑料罩的各式吊链灯
防水吊灯	一般防水吊灯
一般弯脖灯	圆球弯脖灯、风雨壁灯
一般墙壁灯	各种材质的一般壁灯、镜前灯
软线吊灯头	一般吊灯头
声光控座灯头	一般声控、光控座灯头
座灯头	一般塑胶、瓷质座灯头

(2) 吊式艺术装饰灯具的工程量，应根据装饰灯具示意图集所示，区别不同装饰物以及灯体直径和灯体垂吊长度，以"套"为计量单位计算。灯体直径为装饰物的最大外缘直径，灯体垂吊长度为灯座底部到灯梢之间的总长度。

(3) 吸顶式艺术装饰灯具安装的工程量，应根据装饰灯具示意图集所示，区别不同装饰物、吸盘的几何形状、灯体直径、灯体周长和灯体垂吊长度，以"套"为计量单位计算。灯体直径为吸盘最大外缘直径；灯体半周长为矩形吸盘的半周长；吸顶式艺术装饰灯具的灯体垂吊长度为吸盘到灯梢之间的总长度。

(4) 荧光艺术装饰灯具安装的工程量，应根据装饰灯具示意图集所示，区别不同安装形式和计量单位计算。

1) 组合荧光灯光带安装的工程量，应根据装饰灯具示意图集所示，区别安装形式、灯管数量，以"延长米"为计量单位计算。灯具的设计数量与定额不符时可以按设计量加损耗量调整主材。

2) 内藏组合式灯安装的工程量，应根据装饰灯具示意图集所示，区别灯具组合形式，以"延长米"为计量单位。灯具的设计数量与定额不符时，可根据设计数量加损耗量调整主材。

3) 发光棚安装的工程量，应根据装饰灯具示意图集所示，以"m²"为计量单位，发光棚灯具按设计用量加损耗量计算。

4) 立体广告灯箱、荧光灯光沿的工程量，应根据装饰灯具示意图集所示，以"延长米"为计量单位。灯具设计用量与定额不符时，可根据设计数量加损耗量调整主材。

(5) 几何形状组合艺术灯具安装的工程量，应根据装饰灯具示意图集所示，区别不同安装形式及灯具的不同形式，以"套"为计量单位计算。

(6) 标志、诱导装饰灯具安装的工程量，应根据装饰灯具示意图集所示，区别不同安装形式，以"套"为计量单位计算。

(7) 水下艺术装饰灯具安装的工程量，应根据装饰灯具示意图集所示，区别不同安装形式，以"套"为计量单位计算。

(8) 点光源艺术装饰灯具安装的工程量，应根据装饰灯具示意图集所示，区别不同安装形式、不同灯具直径，以"套"为计量单位计算。

(9) 草坪灯具安装的工程量，应根据装饰灯具示意图集所示，区别不同安装形式，以"套"为计量单位计算。

(10) 歌舞厅灯具安装的工程量，应根据装饰灯具示意图所示，区别不同灯具形式，分别以"套"、"延长米"、"台"为计量单位计算。装饰灯具安装定额适用范围见表4-19。

<table>
<tr><td colspan="2" align="right">装饰灯具安装定额适用范围　　　　　　　　　　　　表 4-19</td></tr>
<tr><td align="center">定 额 名 称</td><td align="center">灯 具 种 类（形式）</td></tr>
<tr><td>吊式艺术装饰灯具</td><td>不同材质、不同灯体垂吊长度、不同灯体直径的蜡烛灯、挂片灯、串珠（穗）、串棒灯、吊杆式组合灯、玻璃罩（带装饰）灯</td></tr>
<tr><td>吸顶式艺术装饰灯具</td><td>不同材质、不同灯体垂吊长度、不同灯体几何形状的串珠（穗）、串棒灯、挂片、挂碗、挂吊蝶灯、玻璃（带装饰）灯</td></tr>
<tr><td>荧光艺术装饰灯具</td><td>不同安装形式、不同灯管数量的组合荧光灯光带，不同几何组合形式的内藏组合式灯，不同几何尺寸、不同灯具形式的发光棚，不同形式的立体广告灯箱、荧光灯光沿</td></tr>
<tr><td>几何形状组合艺术灯具</td><td>不同固定形式、不同灯具形式的繁星灯、钻石星灯、礼花灯、玻璃罩钢架组合灯、凸片灯、反射挂灯、筒形钢架灯、U 型组合灯、弧形管组合灯</td></tr>
<tr><td>标志、诱导装饰灯具</td><td>不同安装形式的标志灯、诱导灯</td></tr>
<tr><td>水下艺术装饰灯具</td><td>简易型彩灯、密封型彩灯、喷水池灯、幻光型灯</td></tr>
<tr><td>点光源艺术装饰灯具</td><td>不同安装形式、不同灯体直径的筒灯、牛眼灯、射灯、轨道射灯</td></tr>
<tr><td>草坪灯具</td><td>各种立柱式、墙壁式的草坪灯</td></tr>
<tr><td>歌舞厅灯具</td><td>各种安装形式的变色转盘灯、雷达射灯、幻影转彩灯、维纳斯旋转彩灯、卫星旋转效果灯、飞蝶旋转效果灯、多头转灯、滚筒灯、频间灯、太阳灯、雨灯、歌星灯、边界灯、射灯、泡泡发生器、迷你满天星彩灯、迷你单立（盘彩灯）、多头宇宙灯、镜面球灯、蛇光管</td></tr>
</table>

(11) 荧光灯具安装的工程量，应区别灯具的安装形式、灯具种类、灯管数量，以"套"为计量单位计算。荧光灯具安装定额适用范围见表4-20。

<table>
<tr><td colspan="2" align="right">荧光灯具安装定额适用范围　　　　　　　　　　　　表 4-20</td></tr>
<tr><td align="center">定额名称</td><td align="center">灯 具 种 类</td></tr>
<tr><td>组装型荧光灯</td><td>单管、双管、三管吊链式、吸顶式、现场组装独立荧光灯</td></tr>
<tr><td>成套型荧光灯</td><td>单管、双管、三管、吊链式、吊管式、吸顶式、成套独立荧光灯</td></tr>
</table>

(12) 工厂灯及防水防尘灯安装的工程量，应区别不同安装形式，以"套"为计量单位计算。工厂灯及防水防尘灯安装定额适用范围见表4-21。

(13) 工厂其他灯具安装的工程量，应区别不同灯具类型、安装形式、安装高度，以"套"、"个"、"延长米"为计量单位计算。

工厂其他灯具安装定额适用范围见表 4-22。

工厂灯及防水防尘灯安装定额适用范围 表 4-21

定 额 名 称	灯 具 种 类
直杆工厂吊灯	配照（GC_1-A）、广照（GC_3-A）、深照（GC_5-A）、斜照（GC_7-A）、圆球（GC_{17}-A）、双罩（GC_{19}-A）
吊链式工厂灯	配照（GC_1-B）、深照（GC_3-B）、斜照（GC_5-C）、圆球（GC_7-B）、双罩（GC_{19}-A）、广照（GC_{19}-B）
吸顶式工厂灯	配照（GC_1-C）、广照（GC_3-C）、深照（GC_5-C）、斜照（GC_7-C）、双罩（GC_{19}-C）
弯杆式工厂灯	配照（GC_1-D/E）、广照（GC_3-D/E）、深照（GC_5-D/E）、斜照（GC_7-D/E）、双罩（GC_{19}-C）、局部深罩（GC_{26}-F/H）
悬挂式工厂灯	配照（GC_{21}-2）、深照（GC_{23}-2）
防水防尘灯	广照（GC_9-A、B、C）、广照保护网（GC_{11}-A、B、C）、散照（GC_{15}-A、B、C、D、E、F、G）

工厂其他灯具安装定额适用范围 表 4-22

定 额 名 称	灯 具 种 类
防潮灯	扁形防潮灯（GC-31）、防潮灯（GC-33）
腰形舱顶灯	腰形舱顶灯 CCD-1
碘钨灯	DW 型、220V、300 ~ 1000W
管形氙气灯	自然冷却式 220V/380V 20kW 内
投光灯	TG 型室外投光灯
高压水银灯镇流器	外附式镇流器具 125 ~ 450W
安全灯	（AOB-1、2、3）、（AOC-1、2）型安全灯
防爆灯	CB C-200 型防爆灯
高压水银防爆灯	CB C-125/250 型高压水银防爆灯
防爆荧光灯	CB C-1/2 单/双管防爆型荧光灯

(14) 医院灯具安装的工程量，应区别灯具种类，以"套"为计量单位计算。

医院灯具安装定额适用范围见表 4-23。

(15) 路灯安装工程，应区别不同臂长，不同灯数，以"套"为计量单位计算。

工厂厂区内、住宅小区内路灯安装执行本册定额，城市道路的路灯安装执行《全国统一市政工程预算定额》。

路灯安装定额范围见表 4-24。

(16) 开关、按钮安装的工程量，应区别开关、按钮安装形式，开关、按钮种类，开关极数以及单控与双控，以"套"为计量单位计算。

(17) 插座安装的工程量，应区别电源相数、额定电流。插座安装形式、插座插孔个数，以"套"为计量单位计算。

(18) 安全变压器安装的工程量，应区别安全变压器容量，以"台"为计量单位计算。

医院灯具安装定额适用范围	表 4-23
定额名称	灯 具 种 类
病房指示灯	病房指示灯
病房暗脚灯	病房暗脚灯
无影灯	3～12孔管式无影灯

路灯安装定额范围	表 4-24
定额名称	灯 具 种 类
大马路弯灯	臂长1200mm以下、臂长1200mm以上
庭院路灯	三火以下、七火以下

（19）电铃、电铃号码牌箱安装的工程量，应区别电铃直径、电铃号牌箱规格（号），以"套"为计量单位计算。

（20）门铃安装工程量计算，应区别门铃安装形式，以"个"为计量单位计算。

（21）风扇安装的工程量，应区别风扇种类，以"台"为计量单位计算。

（22）盘管风机三速开关、请勿打扰灯，需刨插座安装的工程量，以"套"为计量单位计算。

（四）防雷及接地装置

1．计算要点

接地是为了保证建筑物、构筑物、电气设备和人身安全，避免遭受雷、电损害，而在建筑物、构筑物和电气设备的某处与大地进行可靠的电连接。防雷及接地装置包括建筑物、构筑物的防雷接地，变配电系统接地，设备接地以及避雷针的接地装置。防雷及接地装置安装，使用本册第九章定额，其项目包括接地板（极）制作安装、接地母线敷设、接地跨接线安装、避雷针（网）安装、避雷针引下线敷设，避雷网安装。

（1）户外接地母线敷设是按自然地坪考虑的，包括地沟的挖填土和夯实工作，套用本定额时不应再计算土方量。遇有石方、矿渣、积水、障碍物等情况时另行计算。

（2）本章定额不适于采用爆破法敷设接地线、接地极的安装。也不包括接地电阻率高的土质，需要换土或化学处理的接地装置及接地电阻的测定工作。

（3）本章定额除避雷网安装外，均已综合考虑了高空作业的工作。

（4）独立避雷针制作套用第四章铁构件制作子目。

2．计算规则与方法

（1）接地极制作安装以"根"为计量单位，其长度按设计长度计算，设计无规定时，每根长度按2.5m计算。若设计有管帽时，管帽另按加工件计算。

（2）接地母线敷设，按设计长度以"m"为计量单位计算工程量。接地母线、避雷线敷设，均按延长米计算，其长度按施工图设计水平和垂直规定长度另加3.9%的附加长度（包括转弯、上下波动、避绕障碍物、搭接头所占长度）计算。计算主材费时应另增加规定的损耗率。

（3）接地跨接线以"处"为计量单位，按规程规定凡需作接地跨接线的工程内容，每跨接一次按一处计算，户外配电装置构架均需接地，每副构架按"一处"计算。

（4）避雷针的加工制作、安装，以"根"为计量单位，独立避雷针安装以"基"为计量单位。长度、高度、数量均按设计规定。独立避雷针的加工制作应执行"一般铁件"制作定额或按成品计算。

（5）半导体少长针消雷装置安装以"套"为计量单位，按设计安装高度分别执行相应定额。装置本身由设备制造厂成套供货。

(6) 利用建筑物内主筋作接地引下线安装以"10m"为计量单位，每一柱子内按焊接两根主筋考虑，如果焊接主筋数超过两根时，可按比例调整。

(7) 断接卡子制作安装以"套"为计量单位，按设计规定装设的断接卡子数量计算，接地检查井内的断接卡子安装按每井一套计算。

(8) 高层建筑物屋顶的防雷接地装置应执行"避雷网安装"定额，电缆支架的接地线安装应执行"户内接地母线敷设"定额。

(9) 均压环敷设以"m"为单位计算，主要考虑利用圈梁内主筋作均压环接地连线，焊接按两根主筋考虑，超过两根时，可按比例调整。长度按设计需要作均压接地的圈梁中心线长度，以延长米计算。

(10) 钢、铝窗接地以"处"为计量单位（高层建筑六层以上的金属窗设计一般要求接地），按设计规定接地的金属窗数进行计算。

(11) 柱子主筋与圈梁连接以"处"为计量单位，每处按两根主筋与两根圈梁钢筋分别焊接连接考虑。如果焊接主筋和圈梁钢筋超过两根时，可按比例调整，需要连接的柱子主筋和圈梁钢筋"处"数按规定设计计算。

二、定额执行规定

(1) 第二册《电气设备安装工程》（以下简称定额）的主要内容及其范围是指：电压为10kV以下的变配电设备及线路安装工程、车间动力电气设备及电气照明器具、防雷及接地装置安装、配管配线、电梯电气装置、电气调整试验等的安装工程。

室内电气照明工程预算，主要适用电气照明部分相关定额，即第四章控制设备及低压电器；第十二章配管、配线；第十三章照明器具。

(2) 本定额是以国家和有关工业部门发布的现行施工及验收技术规范、技术操作规程、质量评定标准和安全操作规程为依据。

(3) 关于人工、材料、机械的有关规定参照前述水暖有关规定执行。

(4) 下列各项费用可按系数计取：

1) 脚手架搭拆费（10kV以下架空线路除外）按人工费的4%计算，其中人工工资占25%。

2) 工程超高增加费（已考虑了超高因素的定额项目除外）：操作物高度在离楼地面5m以上，20m以下的电气安装工程，按超高部分人工费的33%计算。

(5) 高层建筑增加费（指高度在6层或20m以上的工业与民用建筑）按下表计算（其中全部为人工工资）：

层数	9层以下（30m）	12层以下（40m）	15层以下（50m）	18层以下（60m）	21层以下（70m）	24层以下（80m）	27层以下（90m）	30层以下（100m）	33层以下（110m）
按人工费的%	1	2	4	6	8	10	13	16	19

层数	36层以下（120m）	39层以下（130m）	42层以下（140m）	45层以下（150m）	48层以下（160m）	51层以下（170m）	54层以下（180m）	57层以下（190m）	60层以下（200m）
按人工费的%	22	25	28	31	34	37	40	43	46

(6) 安装与生产同时进行时，安装工程的总人工费增加 10%，全部为因降效而增加的人工费（不含其他费用）。

(7) 在有害人身健康的环境（包括高温、多尘、噪声超过标准和在有害气体等有害环境）中施工时，安装工程的总人工费增加 10%，全部为因降效而增加的人工费（不含其他费用）。

第四节　施工图预算编制实例

电气照明施工图预算的编制依据、程序和方法，与一般土建工程、给排水工程等施工图预算相同。现以某办公楼电气照明施工图预算为例说明。

（一）工程概况

本工程是办公楼电气照明安装工程。该办公楼为 5 层砖混结构，层高为 3.4m，砖墙厚均为 240mm。2～5 层照明平面图见图 4-4，照明系统图见图 4-5。

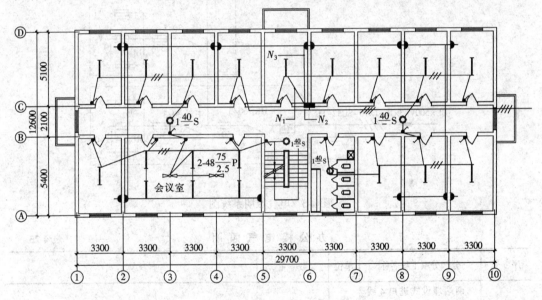

图 4-4　办公楼电气照明平面布置图

底层平面图与 2～5 层平面图相同。只是底层两个出入口处分别设置吸顶灯一套，需增加吸顶灯 2 套、扳把开关 2 套、阻燃塑料管 8m、管内穿线 24m。

电源为三相四线，进线 380/220V。由办公楼西山墙 C 轴线处的铁横担上引入，离室外地坪 3.9m，用 DN32 钢管暗敷至⑥与 C 轴交接处的配电箱。配电箱采用 XMR86-11-22A 型。进线处设置 L50×5 角钢接地极。

配电箱下皮距地 1.4m，插座距地 300mm，扳把开关距地 1.4m，均为暗设。

进线选用 BLXF-500 氯丁橡皮铝芯线暗敷，楼层立管及穿线与进线相同。室内配线除注明者外，均采用阻燃塑料管 DN15 暗敷，管内穿线均为 BLV-2.5mm² 塑料铝芯线。

（二）工程量计算（见表 4-25）

（三）编制说明（见表 4-26）

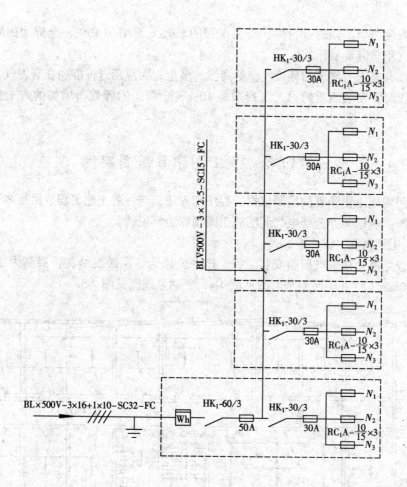

图 4-5　电气照明系统图

办 公 楼 电 气 照 明

表 4-25

序 号	分部分项工程名称	单位	数 量	计 算 式
1	两端埋设式进户 4 线角钢横担	组	1	
2	室外接地母线	m	12.36	镀锌扁钢 40×4，$(3.9 + 3 + 5) \times 1.039 = 12.36$
3	室外接地极	根	1	$L50 \times 5$，2.5m
4	接地电阻测试	组	1	
5	钢管暗配 $DN32$	m	27.24	引入管：$(0.24 + 3.3 \times 3 + 3.6) + (3.3 - 1.4) = 15.64$ 引上管（1—5层）$(3.4 - 1.4) + 3.4 \times 3 - 0.5 \times 4 + 1.4 = 11.60$

序 号	分部分项工程名称	单位	数 量	计 算 式
6	阻燃聚乙烯管 DN15	m	1.85 1047.80	底层： 照明①：（1.4+2.6）+3.3×7+（2.5+0.2）×9+1.4×2+1+1.9）+（2.7+5.2）=65 照明②：（1.4+3.17+2.6）+3.3×6+1.4×2+（1+1.9）+（1.85+1.9）+2.7×3+（3.3+2.5+2.9+1.9）（电扇）=55.1 门厅 8m 插座③：（1.4+3.6）+（3.3×8+0.12×3）+9.4×3+9×（3.36-0.3）=87.86 2—5层：（65+55.1+87.86）×4=831.84
7	管内穿线 BLXF—16mm² BLXF—10mm² BLV—2.5mm²	m m m	98.52 32.84 2130.80	（27.24+1.5 出户预留线）×3+（0.5+0.4）×3（首层配电箱预留线）+（0.45+0.35）×4×3（2～5层配电箱预留线）=98.52 （27.24+1.5）+（0.5+0.4+（0.45+0.35）×4=32.84 1047.8×2+（2.5×4+1.4×4）+3.3×2+（2.9+1.9）+（0.5+0.4）×2+（0.45+0.35）×4×2=2130.8
8	照明配电箱安装	台	5	
9	荧光灯安装 40W	套	95	19×5=95
10	吸顶灯安装 40W	套	17	3×5+2=17
11	暗装扳把开关	套	32	6×5+2=32
12	暗装单相插座	套	75	15×5=75
13	吊扇安装	台	10	2×5=10
14	暗装接线盒	个	324	［（24+3+2）灯+15插座+（12+6）开关+2吊扇］×5+4=324

编 制 说 明　　　　　　　　　　　　　　　**表 4-26**

编制依据	施工图号	2～5层照明平面图见图 4-4，照明系统图见图 4-5
	合　同	2002-XX-XX
	使用定额	全国统一安装工程预算定额　第二册　电气设备安装工程 GYD-202-2000
	材料价格	某市常用建筑材料预算价格（2002）
	其　他	

注：1. 本预算包括施工图中电气照明工程内容；未计算进户架空线架设及接地极埋设遇障碍物等。在结算时按实际发生计算。

2. 施工企业为二级取费证，该工程为四类工程，工程建设地点在市内，该地区为七类工资区。

3. 本预算未计算材料调差、机械费调整。

4. 凡本预算未包括的计费项目，若有发生，在结算时另计。

5. 本预算为学习参考，如有出入，以造价部门解释为准。

（四）工程造价计算（见表4-27～表4-29）

电气照明工程计价表　　　　　　　　　　　　　　　　　　　　表4-27

工程名称：办公楼电气照明工程　　　　　　　　　　　　　　　　　　　　单位：元

定额编号	单项工程名称	单位	工程量	单价（元）				合价（元）			
				人工费	材料费	机械费	基价	人工费	材料费	机械费	合计
2-266	照明配电箱安装	台	5	65.02	31.25	3.57	99.84	325.1	156.25	17.85	499.2
2-1011	钢管暗配 DN32	100m	0.27	215.71	92.29	20.75	328.75	58.24	24.91	5.60	88.76
2-1110	硬塑料管暗配 DN15	100m	10.48	214.55	126.1	23.48	364.13	2248.48	1321.528	246.070	3816.08
2-1169	管内穿线 BLV-2.5mm^2	100m	21.31	23.22	6.83	—	30.05	494.818	145.547	—	640.36
2-1178	管内穿线 BLXF-16mm^2	100m	1.31	25.54	13.11	—	38.65	33.45	17.1741	—	50.6315
2-1378	灯、开关、插座盒暗装	10个	32.4	11.15	9.97	—	21.12	361.26	323.02	—	684.28
2-1382	圆球吸顶灯安装 40W	10套	2.0	50.16	115.44	—	165.6	100.32	230.88	—	331.2
2-1588	成套型吊链式荧光灯安装单管	10套	9.5	50.93	74.84	—	125.23	483.83	710.98	—	1189.68
2-1637	扳式暗开关单联安装	10套	9.0	19.74	4.47	—	24.21	177.66	40.23	—	217.89
2-1653	暗装单相插座安装 15A 以下	10套	7.5	21.13	19.65	—	40.78	158.475	147.37	—	305.85
2-1702	吊风扇安装	台	10	9.98	3.75	—	13.73	99.8	37.5	—	137.3
2-802	两端埋设式进户线横担四线	根	1	8.59	85.86	—	94.45	8.59	85.86	—	94.45
2-697	户外接地母线敷设	10m	1.24	70.82	1.77	1.43	74.02	87.8168	2.19	1.77	91.78
2-690	角钢接地极制安装	根	1	11.15	2.65	6.42	20.22	11.15	2.65	6.42	20.22
2-885	接地装置调试接地极	组	1	92.88	1.86	100.8	195.54	92.88	1.86	100.8	195.54
	合　计							4818.35	3166.88	378.51	8363.74

82

电气照明工程未计价材料计价表

表 4-28

工程名称：办公楼电气照明工程 单位：元

定额编号	单项工程名称	单位	工程量	材料名称及规格	单位	单位量	合计量	单价（元）	合价（元）
2-266	照明配电箱安装	台	5	配电箱 XMR86-112-2A	台		5	527.00	2635.00
2-1011	钢管暗配 DN32	100m	0.27	钢管 DN32	m	103	27.81	10.64	295.90
2-1110	硬塑料管暗配 DN15	100m	10.48	硬塑料管 DN15	m	106.70	1118.22	2.68	2996.82
2-1169	管内穿线 BLV-2.5mm²	100m	21.31	绝缘导线	m	116.48	2482.19	0.369	915.93
2-1178	管内穿线 BLXF-16、10mm²	100m	1.31	绝缘导线 BLXF-16mm²	m	104.09	103.05	2.358	242.99
				BLXF-10mm²	m	104.09	34.35	1.743	59.87
2-1378	灯、开关、插座盒暗装	10个	32.4	接线盒 86H50	个	10.20	330.48	1.74	575.04
2-1382	圆球吸顶灯安装 40W	10套	1.7	圆球吸顶灯	套	10.10	17.17	20.49	351.81
	白炽灯泡 40W	只	26	白炽灯泡 40W	只	1.03	26.78	1.42	38.03
2-1588	成套型吊链式荧光灯安装	10套	9.5	日光灯架 40WYG2-1	套	10.10	95.95	26.08	2502.38
	荧光灯管（直管）	只	95	荧光灯管 220V40W	只	1.015	96.43	6.58	634.48
2-1637	扳式暗开关单联安装	10套	3.2	扳式开关 86K-6	个	10.20	32.64	2.55	82.23
2-1653	暗装单相插座安装	10套	7.5	插座 86Z12T10	个	10.20	76.5	2.72	208.08
2-1702	吊风扇安装	台	10	吊风扇 φ1400	台	1	10	190.00	1900.00
2-697	户外接地旧线敷设	10m	1.24	镀锌扁钢-40×4	10m	1.05	1.302	8.00	10.42
2-690	角钢接地极制安装	根	1	角钢 150×5，2.5m	m	1.05	2.63	1.60	4.21
	合　计								14024.07

83

建筑工程费用计算表

表 4-29

（以定额人工费为取费基础的费用计算表）

工程名称：办公楼电气照明工程　　　　　　　　　　　　　　　　　　单位：元

序　号	费　用　名　称	代　号	计　算　式	金　额
一	直　接　费	①	（一）+（二）	27259.05
（一）	直接工程费	A	$A_1 + A_2$	26762.60
1.	定额直接费	A_1	•	23452.95
	其中：定额人工费	B	4818.35×1.165	5613.38
	计价材料费 + 未计价材料费 3436.99 + 14024.07		机械费 378.51	
2.	其他直接费、临时设施费、现场管理费	A_2	$B \times 58.96\%$	3309.65
（二）	其他直接工程费	D	$D_1 + D_2$	496.45
1.	材料价差调整	D_1	$d_1 + d_2$	
	计价材料综合调整价差	d_1		
	未计价材料价差	d_2		
2.	施工图预算包干费	D_2	$B \times 15\%$	496.45
二	间　接　费	②	$E + F + G + H + I$	3987.18
（一）	企业管理费	E	$B \times 34.28\%$	1924.27
（二）	财务费用	F	$B \times 7.25\%$	406.97
（三）	劳动保险费	G	$B \times 29.5\%$	1655.94
（四）	远地施工增加费	H	$B \times 0\%$	0
（五）	施工队伍迁移费	I	$B \times 0\%$	0
三	计划利润	③	$B \times 68\%$	3817.10
四	按规定允许按实计算的费用	④		
五	定额管理费	⑤	（①+②+③+④）×1.8%	562.43
六	税　　金	⑥	（①+②+③+④+⑤）×3.5%	1113.30
七	工程造价		①+②+③+④+⑤+⑥	32921.96

复 习 思 考 题

1. 怎样区分荧光灯为组装型和成套型，其定额编号是什么？

2. 如何进行重复接地装置的电气预算？

3. 某8层高的建筑物，安装有50套成套型双管荧光灯，安装高度为5.2m，计算其直接费（不计主材）？

4. 某市区电气工程施工图预算总价为120000元，原材差是7000元，结算时材差为10000元，计算该工程结算造价是多少？

5. 嵌入式安装的成套荧光灯，应执行何种定额子目？

第五章 安装工程施工预算、竣工结算与决算

第一节 施工预算的内容、作用和依据

一、施工预算的定义

安装工程施工预算是施工企业在施工图预算的控制下，为加强企业内部的经济核算，实行定额预算包干，在每个单位工程开工之前，以单位工程或分部、分项工程为对象，根据施工图纸、施工定额、施工组织设计（或施工方案），并结合本企业的实际情况编制的计划成本文件，主要内容包括单位工程的工程量和人工、材料、机械台班的消耗数量及直接费标准。施工预算是实现施工企业内部量化管理、内部挖潜的一项重要工作，因此，预算工作人员应按施工预算的分工和管理层次认真编制。

二、编制施工预算的目的

编制施工预算的目的是为了组织施工和进行两算对比，最大限度的满足技术上可行、经济上合理的要求，保证施工企业在规定工期内保质、保量地完成单位工程项目，从而实现企业赢利、继续发展的目的。施工预算作用如下：

（1）施工生产部门可以根据施工预算确定的工程量和人工、材料、机械台班的消耗数量，安排施工作业计划和组织施工。

（2）劳资部门可以根据施工预算所提出的劳动力需要量计划，合理的调配劳动力人数、工种及其进出场的时间。

（3）材料供应部门可以根据施工预算所确定的工程所需材料的品种、规格和数量，计划组织采购和按时进场。

（4）财务部门可以根据施工预算，定期（按月或季度）进行经济活动分析，加强工程成本管理。

（5）施工企业可以根据施工预算和施工图预算的对比，研究经营决策，协调企业内部的人力、物力和财力等资源，以取得最佳的经济效益和社会效益。

同时，施工预算也是施工单位组织内部承包责任制，签发施工任务书和限额领料单的依据。

三、"两算"对比

所谓"两算"指的就是施工预算和施工图预算，"两算"对比就是将施工预算与施工图预算进行对比的简称。施工预算确定的是工程计划成本，施工图预算确定的是工程预算成本，它们是从不同角度计算单位工程的两本账。通过"两算"对比，可以预计工程节约或超支的原因，从而研究出控制或减少人工、材料和机械消耗量的措施，以达到事先控制的目的，避免发生计划成本亏损，保证工程施工达到预期的利润。因此，"两算"对比是施工企业进行经济分析的重要内容，是施工企业运用经济规律，加强经营管理的重要手段。二者的区别主要有以下几个方面：

（一）预算编制所依据的定额不同

施工预算的人工、材料、机械台班的消耗量，是按施工定额的规定标准，并结合施工技术组织措施确定的，它反映建筑安装产品活劳动和物化劳动消耗量的付出量，是建筑安装产品的计划成本。施工图预算的人工、材料、机械台班的消耗量，是按预算定额规定的耗量标准进行计算确定的，它反映了建筑安装产品活劳动和物化劳动消耗量的补偿量，是建筑安装产品的预算成本。

（二）预算编制的用途不同

施工预算是施工企业为挖掘内部潜力、降低工程成本而编制的工程预算，主要是供企业内部组织施工使用，作为施工企业编制施工作业计划、确定工程承包任务的依据，主要是针对企业内容管理的。编制施工图预算则是为确定建筑产品的价格，作为招标编制标底和投标报价的依据，主要是对外的。它们是从不同的角度计算的两本经济账。

（三）工程量计算规则不同

施工预算的工程量计算，既要符合劳动定额的要求，又要符合材料消耗定额的要求，同时还要考虑生产计划和降低成本措施的要求。而施工图预算的工程量计算，只是按预算定额规定的工程量计算规则进行计算。

（四）计算方法不同

编制施工图预算，计算方法是先将各分项工程的工程量，分别乘以相应的预算定额单价，得出各分项工程直接费。累计各分项工程直接费，即得单位工程直接费。再在直接费的基础上计算出间接费等费用，最后汇总，即可得出单位工程的预算造价。编制施工预算则是先将各分项工程的工程量，分别乘以各自相应工种的劳动定额、材料和机械台班消耗定额，就得出各分项工程的人工、材料和机械台班数量。累计各分项工程的人工、材料和机械台班消耗量，即得出单位工程所需用的人工、各工种的工日需用量，各种规格的材料需用量和机械台班需要量。分别乘以相应预算单价并加以汇总，即得出单位工程的计划成本。

（五）预算水平与深度不同

施工图预算反映的是社会平均水平，施工预算则是反映本企业的实际水平。施工预算项目的划分较施工图预算更细、更深，工作量更大。

第二节　施工预算的编制

一、编制依据

1. 施工图纸及说明书

施工图纸必须经过建设单位、设计单位和施工单位共同会审，并且还需有会审记录。如有设计更改，必须有设计更改图或设计更改通知。会审记录、设计更改图和设计更改通知书与施工图一样，是施工的依据，也是编制施工图预算及施工预算的依据。

2. 施工组织设计或施工方案

施工组织设计或施工方案中确定的施工方案、施工顺序、施工机械、技术组织措施、现场平面布置等内容，都是施工预算计算工程量和实物耗量的重要依据。

3. 安装工程施工图预算

施工图预算书中的大部分工程量数据是与施工预算相同的，可供编制施工预算校核或直接抄用，并可作为考核施工预算降低成本、贯彻经济核算效果的依据。

4. 现行的定额

一般包括现行的施工定额和补充定额，全国统一建筑安装工程劳动定额、材料消耗定额和机械台班使用定额。

5. 实际勘察和测量资料

要仔细收集实际勘察和测量所获得的资料。

6. 设备材料手册

借助设备材料手册及预算手册可以加速施工预算的编制。

二、施工预算的内容

施工预算的主要内容包括编制说明、计算确定的工程量、人工（分工种）、材料和机械台班消耗量等四项。施工预算一般以单位安装工程为对象，按分部工程、分项工程进行计算编制。

（一）编制说明

内容包括：

（1）工程性质及工程所在位置、规模、范围、周围环境和施工条件。

（2）工期、施工组织设计和施工方案。

（3）施工图会审情况、设计变更情况及现场资料等。

（4）施工中采用了哪些新技术、新工艺、新材料，有无材料代用等问题。

（5）施工主要技术措施和节约降耗指标。

（6）遗留项目、暂估项目以及尚存问题的说明。

（二）计算表格

（1）工料分析表，见表5-1。

单位工程预算工料分析表　　　　　　　　　　　　　表 5-1

工程名称：　　　　　　　　　年　月　日　　　　　共　页　第　页

定额序号	分部分项工程名称	计量单位	工程量	工 作 量		人 工		机械费
				单价	合价	工日	金额	

（2）施工预算人工、材料、机械台班汇总表，见表5-2。

施工预算工料机汇总表　　　　　　　　　　　　　表 5-2

工程名称：　　　　　　　　　年　月　日　　　　　共　页　第　页

序　号	工、料名称	单　位	数　量	单价（元）	金额（元）	备　注
一、	人工小计					
二、	材料小计					
三、	机械小计					
	合　计					

将工料分析表中所需工日，按工种汇总后填入表中；工料分析表中各种材料区别不同品种、规格、型号汇总后填入表中；分项工程所需机械台班按不同种类分别汇总后填入表中。

（3）两算对比表，见表5-3、表5-4。

三、施工预算的编制方法和步骤。

施工预算的编制方法有"实物法"和"实物金额法"两种。所谓实物法是根据施工图和说明书，按施工定额的规定计算工程量。再分析并汇总人工和材料的数量。

实物金额法编制施工预算，又分两种不同的做法：一种是根据实物法编制出的人工、材料数量，再分别乘以相应的单价，求得人工费和材料费；另一种是根据施工定额的规定，计算出各分项工程量，再套其相应施工定额的单价，得出复价，再将各分项工程的复价汇总合计，即求得单位工程直接费，其方法与施工图预算的编制方法相同。

不论采用哪种编制方法，都必须按现行的施工定额规定，按施工组织设计和管理的要求，进行工程量计算、工料分析和人工、材料、机械台班费的计算。具体步骤如下。

1. 熟悉资料

熟悉施工图、施工定额、施工组织设计、施工图预算和其他有关资料。

2. 划分工程项目

工程项目的划分，一般是根据施工图和施工方法，按施工定额项目划分，并按施工定额项目顺序排列。

3. 计算工程量

工程量计算应按施工定额规定的工程量计算规则进行。计量单位必须和施工定额一致。凡可以利用的施工图预算的工程量，均可直接抄用，以加快编制速度。

将所计算的各项目工程量及其相应已列的工程子目和计量单位，按施工定额顺序排列，填写在施工预算各分部工程的"工料分析表"中。其顺序排列、填写方法，除因施工图预算定额与施工预算定额中的单位不一致而需重新计算工程量，或因施工需要分施工段分别填写工程量之外，其他均与施工图预算计算基本相同。

4. 套施工定额，进行人工、材料、机械台班耗量分析

将各工程项目的工程量乘以相应定额，逐项计算其人工、材料和机械台班消耗量，并填入表中。按所列工程项目名称，套用施工定额中相应的项目，并填入工料分析表。

5. 人工、材料、机械台班消耗量汇总

首先按分部工程，然后再按单位工程将消耗的人工（分工种）、材料（分规格型号）、机械台班加以汇总，求出总的需求量，并填入工、料、机汇总表中。

在汇总人工需用量时，要考虑劳动定额总说明中关于定额项目外直接生产用工（工序搭接、交叉作业、临时停水停电等不可避免的问题），安装工程应增加12%、土建工程应增加10%。

6. 计算人工费、材料费和机械使用费

用工、料、机汇总表中人工、材料、机械台班的数量乘以相应预算单价，即可求出施工预算的人工费、材料费和机械使用费。

7. 两算对比

将施工图预算和施工预算中分部工程的人工、材料和机械台班消耗量或价值一一对应

列表对比，并将对比结果加以分析。根据对比分析结果判断拟采用的施工方法和技术组织措施是否适宜。如果施工预算不能达到降低工程成本的目的，则应研究修正施工方案，以防成本亏损。当施工方案修正后，再对施工预算加以调整。

8. 编写编制说明

第三节　两算对比

一、两算对比的概念

两算对比，即施工预算与施工图预算对比。施工图预算确定的是工程预算价格，而施工预算确定的是工程计划成本。它们是从不同角度计算的两本经济账。

一个工程能否创利或创利多少，关键问题是看工程实际成本的高低。如果实际成本低于预算成本，则预算成本与实际成本之差即转化为利润，实际成本越低，利润水平就越高。反之，如果实际成本高于预算成本，则实际成本与预算成本的差值，就由计划利润补偿，结果利润转化为成本，降低了利润水平。如果补偿额超过计划利润额，就造成亏损。所以，施工企业应加强工程成本管理，努力提高利润水平。两算对比分析就是加强经营管理，降低工程造价，提高利润水平的重要手段。

二、两算对比的方法

两算对比一般采用实物量对比法和实物金额对比法两种。实物量对比法即将"两算"中的人工、材料、机械台班耗量相应的项目进行对比。实物金额对比法，即将施工预算中的实物耗量乘以相应的单价，将其化为货币指标，然后再与施工图预算相应项目费用对比。两算对比一般是直接费对比，而间接费和其他费用一般不进行对比。

三、两算对比应用表格

(1) 人工两算对比分析表，见表5-3。

(2) 主要材料消耗对比表，见表5-4。

上述表格仅供参考，读者可根据具体情况自行设计。

人 工 两 算 对 比 表　　　　表 5-3

工程名称：　　　　　　　　　　　　　年　　月　　日　　共　　页　第　　页

分项工程名称	施 工 预 算				施 工 图 预 算				两 算 对 比		
	定额编号	单位	工程量	时间定额	合计工日	定额编号	单位	工程量	时间定额	合计工日	(-)	+	%

主 材 消 耗 对 比 表 表 5-4

工程名称： 年 月 日 共 页 第 页

材料名称	单 位	施工预算数量	施工图预算数量	对比结果			备 注
				节 约	超 支	%	

四、两算对比分析

因为编制施工预算依据的施工定额是平均先进水平，而施工图预算编制所依据的预算定额是社会平均水平。另外，施工预算中又扣除了节约降耗措施的消耗量，所以在正常情况下，施工预算人工、材料、机械台班耗量应低于施工图预算。

如果出现施工预算人工、材料、机械台班耗量全部或部分超过施工图预算，则应查明原因，视情况处理。常见的原因有：施工图预算有误；施工预算有误；所用定额个别子项有误；施工方案、施工方法选取不当；节约降耗措施不力等。查明原因后，即可采取具体措施：预算有误即改正预算；施工方案不当即改进施工方案，采用先进施工工艺和方法；进一步完善节约降耗措施。总之，要千方百计降低消耗水平，提高企业利润水平。

有时，机械费有所突破，而人工费有节省，两项总和是省，则属正常现象，说明施工中机械使用率提高了。

第四节 竣 工 结 算、决 算

一、竣工结算

（一）竣工结算的定义

竣工结算是单位工程或单项工程完工，建设单位及工程质量监督部门验收合格，在交付生产或使用前，由施工单位根据合同价格和实际发生的增加或减少费用的变化等情况进行编制，并经建设单位签认的，以表达该项工程最终造价为主要内容，向建设单位办理工程价款、物资器材、劳务运输及经济款项货币等往来财务账目结清，并作为结算工程价款依据的经济文件。竣工结算是工程建设中的一项重要经济活动，工程完工后应及时、正确、合理地办理竣工结算，对于贯彻财经制度，加强建设资金管理，获取最优经济效益，都具有十分重要的意义。

（二）竣工结算的方法

1. 工程经济承包方式

竣工结算方式一般与经济承包方式有关。工程的承包方式主要有下列几种：

（1）招标、投标承包。建设部《工程建设施工招标、投标管理办法》规定，凡政府和公有制企业、事业单位投资的新建、改建、扩建和技术改造工程的施工，除某些不适宜招标的特殊工程外，均应按本办法实行招标、投标。招标、投标承包方式按承包范围分为全过程承包（统包）、阶段承包和专项（业）承包。全过程承包又称为一揽子承包（交钥匙工程），是指建设项目从项目建议书的提出至竣工投产的全部建设过程，实行招标、投标统承包。阶段承包是承包建设过程中某一阶段或某些阶段，如可行性研究、设计、建筑、安装等。在施工阶段又细分为包工、包料、包工部分包料、包工不包料。专项承包是承包建设阶段中某专业性很强的专门项目。

招标、投标承包中标后，没有特殊情况，结算时不能改变中标价，对材料价格浮动和中标价格悬殊，为了使微利经营的施工单位不亏本，有的地区规定可以调增。

（2）平方米包干。建设部有关规定，住宅工程施工经济承包方式，采用一次包定平方米造价，以此作为竣工结算的依据。

（3）项目包干。据国家有关规定，凡列入国家计划的项目都要逐步实行项目投资包干。包干指标确定后，除下列情况外，一般不得变动包干指标：

1）资源、水文地质、工程地质情况有重大变化，引起建设条件改变；

2）人力不可抗拒的自然灾害，造成重大损失；

3）国家统一调整价格，引起该概算的重大失实；

4）国家建设计划有重大调整，引起建设内容的重大增减；

5）设计有重大修改。

2. 竣工结算方式

经济承包存在多种形式，则竣工结算相应采取下列多种方式：

（1）合同价格包干法。在考虑了工程造价动态变化的因素下，合同价格一次包死，项目的合同价格就是竣工结算造价。

（2）合同数增减法。在签订合同时商定有合同价格，但没有包死。结算时以合同价为基础，按实际情况进行增减计算。

（3）预算签证法。以双方审定的施工图预算数签订合同，凡是在施工过程中经双方签字同意的凭证都作为结算的依据。结算时以预算数为基础进行签证凭证内容调整。

（4）竣工图计算法。结算时根据竣工图、竣工技术资料。预算定额，按照施工图预算编制方法，全部重新计算，得出结算工程造价。竣工结算以竣工结算书的形式表现，包括单位工程竣工结算书、单项工程竣工结算书及竣工结算说明书等。

3. 竣工结算的编制原则和依据

编制工程竣工结算是一项政策性强、技术性高的细致工作，为了正确地反映工程最终造价，编制时必须遵循一定原则，以有关技术资料为依据进行。

（1）竣工结算的编制原则：

1）贯彻实事求是原则。竣工结算的工程必须是全面完工，经建设单位和工程质量监督部门验收合格，办清竣工验收手续的项目。需要返工的工程，应待返工并经质量验收合格后才能结算。返工消耗的工料费用，不能列入竣工结算。办理竣工结算的资料必须完整、真实、数据准确，能全面地反映工程实际情况。在编制竣工结算时，应本着该调增的调增，该调减的调减，做到合理、正确地反映工程最终造价。

2）严格执行现行规定。严格执行国家和地区的各项有关规定，是保证工程结算价格公正合法的条件。

3) 认真履行合同条款。结算时应按合同规定结算的方式、范围等进行。

4) 编制依据充分。编制结算的资料、定额等要全面、准确，以保证结算的正确。

5) 审核和审定手续完备。

(2) 竣工结算的编制依据：

1) 工程竣工报告和工程竣工验收书。

2) 经审批的施工图预算和施工合同。

3) 现行预算定额、费用定额及各种收费标准、双方有关工程计价协定。

4) 各种技术资料及现场签证记录。如施工图纸、图纸会审记录、设计变更通知单、技术核定单、隐蔽工程记录、停工复工报告、施工签证单、其他费用单、购料凭证、材料代用价差、不可抗拒的自然灾害和不可预见费用记录。

4. 竣工结算的内容

工程竣工结算的内容与施工图预算基本相同，其费用仍由直接费、间接费、计划利润和税金四部分组成。只是在原来预算造价的基础上，对施工过程中实际发生并经双方认可的量差费用和工程价差等变化进行调整，计算出竣工工程的造价和实际结算价格的一系列计算。工程结算书的形式、组成内容与施工图预算书相同，所不同的是：施工图预算书是预先计算的工程造价；工程结算书是实际施工后发生的工程造价。

承包方待单位工程完工后，经交工验收合格，即可与业主办理完工结算，结清财务手续。

工程竣工结算经签认生效后，是施工企业核定生产成果和考核工程成本的依据；施工单位与建设单位可通过经办银行办理工程结算价款，确定双方合同规定的经济关系和责任；是建设单位编制建设项目竣工决算进行投资效果分析的依据。竣工结算书中主要应体现"量差"和"价差"的基本内容。

(1) 量差：

所谓"量差"是施工图预算中所列项目的工程量与实际完成的工程量不符而产生的差值（增加或减少）。产生量差的主要原因有：

1) 设计修改。设计修改是指施工过程中对施工图纸进行的修改，通常由建设、施工、设计单位共同研究决定，由设计单位出具设计修改通知书，作为施工和结算的依据。设计修改分为建设单位提出的设计修改、施工中遇到需要处理的问题而引起的设计修改、施工单位提出的设计修改。

2) 施工中的小修小改及建设单位临时委托增加任务。其增加的工程量（包括其他零星用工等）以施工单位和建设单位双方的现场签证单，作为工程结算的依据。

3) 施工图预算的错误。在编制竣工结算前，应结合工程交工验收核对工程实际完成的工程量。如发生施工图预算编制时，由于对图纸未看清或计算不准确等原因造成的工程量误算，应作相应的调整。

(2) 价差：

所谓"价差"是材料实际价格与预算价格间存在的价格差额、施工预算与施工图预算费用计算的计费差额。产生价差的主要原因有：

1) 材料市场价格的动态变化。以购料凭证为结算依据。

2) 因材料供应缺口或其他原因，发生材料代用所产生的材料价差，以设计单位审核批准的材料代用通知单为结算依据。

3）选用定额不合理，高套、低套或错套等产生的价差。

4）取费计算不合理，或施工期间取费标准调整、变化等造成多取、少取或漏取等产生的价差。

二、竣工决算

工程竣工决算，对承包商而言是单位工程完工后企业内部的工程成本决算，主要是作预算成本与实际成本的核算对比工作，以总结经验教训，提高企业经营管理为目的。

对业主而言是建设项目竣工完成后，对工程的全面总结，所以工程竣工决算，应称建设项目竣工决算。

（一）建设项目

国家规定："所有竣工验收的建设项目或单项工程在办理验收手续之前，应认真清理所有财产和物资，编好工程竣工决算，分析预（概）算执行情况，考核投资效果，报上级主管部门审查。"

竣工决算书是以实物数量和货币为计量单位，综合反映竣工验收的建设项目或单项工程的实际造价和投资效益的总结性文件。它是建设项目竣工验收报告的重要组成部分，是单项工程验收和全部验收的依据之一，是建设项目的财务总结，是投资银行对建设项目进行财务监督的依据。只有编好项目的竣工决算，才能了解概、预算实际执行情况，才能正确核定新增固定资产的价值，通过决算与预算的差距对比，才能发现投资使用中的问题，总结节流、节支的经验，作为建设工作借鉴。

（二）编制竣工决算的要求

（1）做好竣工验收工作，这是决算的前提；

（2）做好各项账务、物资、债权、债务的清理结束工作，要求工完场清、账清；

（3）编好竣工年度财务决算。这是决算的基础。

（三）建设项目决算书的组成内容

（1）竣工工程概况表。包括竣工项目名称、地址；初步设计和概算的批准机关；实际占地面积；开、竣工日期；完成的主要工程量（实物量）；建设成本；主材消耗情况；技术经济指标和必要文字说明。

（2）竣工工程财务决算表。该表反映竣工项目全部投资来源及其运用情况。

（3）建设项目交付使用财产总表和交付使用财产明细表。这是决算书的重要内容，它反映出交付投产使用的新增固定资产和流动资产的全部情况，是建设单位向生产单位交接财产的主要依据。

（4）应收、应付款明细表。

（5）建设项目竣工决算书文字说明。文字说明部分，主要是对竣工决算报告表进行分析和补充说明。其主要内容有：工程概况，设计勘察概况，设计概算、施工图预算，建设计划的执行情况，各项技术经济指标的完成情况，建设投资使用情况，建设成本和投资效益，结余材料和设备的处理意见，收尾工程的处理意见，工程质量评定和建设经验总结，存在的主要问题和解决的措施等。

竣工决算书由建设单位（业主）汇总编制，报主管部门审查，同时抄送有关部门和送开户投资银行签证认可。

复 习 思 考 题

1. 施工预算与施工图预算有何区别？
2. 两算对比的范围、内容及目的是什么？
3. 竣工结算与竣工决算有何区别和联系？
4. 施工预算包含哪些内容？简述其编制步骤。

第六章 《建设工程工程量清单计价规范》简介

第一节 概 述

一、实行工程量清单计价的目的和意义

长期以来，我国建筑工程招投标计价、定价的依据主要是工程预算定额，而工程定额又是政府指令性控制，难以准确反映各个施工企业的实际施工消耗和管理水平，不利于规范建设市场秩序，强化竞争机制，促进建筑企业健康发展。为了适应我国加入 WTO 后，建筑企业尽快融入世界大市场，真正与国际接轨，为了使政府工程造价管理部门真正履行"经济调节、市场监管、社会管理和公共服务"的职能，为了真正体现公开、公平、公正的原则，反映市场经济规律，建设部通过在广东、吉林、天津等地近几年开展工程量清单计价试点工作的经验总结，于 2002 年 2 月委托建设部标准定额研究所组织有关部门和工程造价专家编制《全国统一工程量清单计价办法》，为体现其权威性和强制性，最后改为《建设工程工程量清单计价规范》（GB 50500—2003）（以下简称"计价规范"），经建设部批准为国家标准，并于 2003 年 7 月 1 日施行。

"计价规范"的实行，将使招投标活动的透明度增加，给企业以更大的竞争空间，有助于建筑业的发展，降低工程造价，提高投资效益，便于操作，是深化工程造价管理改革的重要举措。

二、"计价规范"的特点

1. 强制性

由政府建设行政主管部门按照强制性标准颁发，对全部使用国有资金或国有资金投资为主的大、中型建设项目必须按本规范执行。同时，明确规定工程量清单是招标文件的组成部分，规定了统一的规则：项目编码统一、项目名称统一、计量单位统一、工程量计算规则统一。

2. 实用性

清单项目划分明确简洁，便于操作，所列的项目特征和工程内容较为具体、实用。

3. 竞争性

"计价规范"中并无工、料、机的具体消耗标准，而是由企业自主计价（不论是依据企业自己的定额还是参照发布的反映行业平均水平的有关定额）。而且在措施项目清单中，更由企业按照自身管理水平和施工水平进行计价、报价，大大增加了先进企业的竞争空间。

三、"计价规范"的主要内容

"计价规范"包括正文和附录两部分，二者具有同等效力。正文包括五章，分别就适用范围、遵循原则、编制及计价规则、清单及计价格式做了规定。

附录由附录 A 至附录 E 五部分组成，包括项目编码、项目名称、工程量计算规则、

计量单位、项目特征、工程内容等内容。其中前四项要求招投标人必须执行。

四、"计价规范"正文及部分附录

为了便于学习、使用"计价规范"，本节后面将"计价规范"的正文及相关附录C的部分内容予以摘录，以备使用。

五、概念说明

（1）工程量清单：是由招标人按"计价规范"规定编制的、反映拟建工程的分部分项工程项目、措施项目、其他项目名称和相应数量的明细清单，是招标文件的组成部分，包括分部分项工程量清单、措施项目清单、其他项目清单，是投标人赖以计价、报价的重要依据之一。

（2）工程量清单计价：投标人（或标底编制人）按照招标人提供的工程量清单计算的全部所需费用，包括分部分项工程费、措施项目费、其他项目费、规费和税金。

（3）综合单价：完成规定计量单位项目（编号的个位数对应的项目）所需的工、料、机费用及相应的管理费、利润及风险因素。

（4）工程量清单计价方法：建设工程招投标中，招标人或委托的中介机构提供反映工程实体消耗和措施消耗的工程量清单，由投标人按清单数量计价、报价的计价方式（有别于原来的"定额"计价）。

（5）规费：即施工企业规定收取的费用。通常包括：社会保障费（养老保险费、失业保险费、医疗保险费）、定额测定费、住房公积金、不可预见费等。其中不可预见费项目有工程排污费、行业以外伤害保险费等内容。

六、采用工程量清单计价与统一定额预算计价法的差异分析

（1）工程量计算者不同：原方法中，工程量分别由招标单位（标底）和投标单位（标书）分别按施工图计算，而新方法中工程量则由招标单位（或委托有资质单位）统一计算，"工程量清单"是招标文件的组成部分，各投标单位按此清单量自主填报综合单价。

（2）编制依据有差别：原方法如前几章所述，而新方法中，标底应按招标文件中的工程量清单和有关要求，结合现场情况、合理的施工方案及国家定额和行政主管部门颁发的计价办法编制，标书报价则除上述依据外，更主要的是要根据企业自身情况、按企业定额、市场信息综合考虑后报价。

（3）费用组成不同：这一点请读者自行归纳。

（4）项目编码不同：原方法按定额子目，新方法全国实行统一编码，内容划分也不尽相同。

（5）由于上述原因还导致合同价的调整方式、工程造价、表现形式、评标方法等一系列差异。

附："计价规范"摘录。

目　　录

1　总　　则

1.0.1　为规范建设工程工程量清单计价行为，统一建设工程工程量清单的编制和计价方法，根据《中华人民共和国招标投标法》及建设部令第 107 号《建筑工程施工发包与承包计价管理办法》，制订本规范。

1.0.2　本规范适用于建设工程工程量清单计价活动。

1.0.3　全部使用国有资金投资或国有资金投资为主的大中型建设工程应执行本规范。

1.0.4　建设工程工程量清单计价活动应遵循客观、公正、公平的原则。

1.0.5　建设工程工程量清单计价活动，除应遵循本规范外，还应符合国家有关法律、法规及标准、规范的规定。

1.0.6　本规范附录 A、附录 B、附录 C、附录 D、附录 E 应作为编制工程量清单的依据。

    1　附录 A 为建筑工程工程量清单项目及计算规则，适用于工业与民用建筑物和构筑物工程。

    2　附录 B 为装饰装修工程工程量清单项目及计算规则，适用于工业与民用建筑物和构筑物的装饰装修工程。

    3　附录 C 为安装工程工程量清单项目及计算规则，适用于工业与民用安装工程。

    4　附录 D 为市政工程工程量清单项目及计算规则，适用于城市市政建设工程。

    5　附录 E 为园林绿化工程工程量清单项目及计算规则，适用于园林绿化工程。

2　术　　语

2.0.1　工程量清单

    表现拟建工程的分部分项工程项目、措施项目、其他项目名称和相应数量的明细清单。

2.0.2　项目编码

    采用十二位阿拉伯数字表示。一至九位为统一编码，其中，一、二位为附录顺序码，三、四位为专业工程顺序码，五、六位为分部工程顺序码，七、八、九位为分项工程项目名称顺序码，十至十二位为清单项目名称顺序码。

2.0.3 综合单价

完成工程量清单中一个规定计量单位项目所需的人工费、材料费、机械使用费、管理费和利润，并考虑风险因素。

2.0.4 措施项目

为完成工程项目施工，发生于该工程施工前和施工过程中技术、生活、安全等方面的非工程实体项目。

2.0.5 预留金

招标人为可能发生的工程量变更而预留的金额。

2.0.6 总承包服务费

为配合协调招标人进行的工程分包和材料采购所需的费用。

2.0.7 零星工作项目费

完成招标人提出的，工程量暂估的零星工作所需的费用。

2.0.8 消耗量定额

由建设行政主管部门根据合理的施工组织设计，按照正常施工条件下制定的，生产一个规定计量单位工程合格产品所需人工、材料、机械台班的社会平均消耗量。

2.0.9 企业定额

施工企业根据本企业的施工技术和管理水平，以及有关工程造价资料制定的，并供本企业使用的人工、材料和机械台班消耗量。

3 工程量清单编制

3.1 一般规定

3.1.1 工程量清单应由具有编制招标文件能力的招标人，或受其委托具有相应资质的中介机构进行编制。

3.1.2 工程量清单应作为招标文件的组成部分。

3.1.3 工程量清单应由分部分项工程量清单、措施项目清单、其他项目清单组成。

3.2 分部分项工程量清单

3.2.1 分部分项工程量清单应包括项目编码、项目名称、计量单位和工程数量。

3.2.2 分部分项工程量清单应根据附录 A、附录 B、附录 C、附录 D、附录 E 中规定的统一项目编码、项目名称、计量单位和工程量计算规则进行编制。

3.2.3 分部分项工程量清单的项目编码，一至九位应按附录 A、附录 B、附录 C、附录 D、附录 E 的规定设置；十至十二位应根据拟建工程的工程量清单项目名称由其编制人设置，并应自 001 起顺序编制。

3.2.4 分部分项工程量清单的项目名称应按下列规定确定。

1 项目名称应按附录 A、附录 B、附录 C、附录 D、附录 E 的项目名称与项目特征并结合拟建工程的实际确定。

2 编制工程量清单，出现附录 A、附录 B、附录 C、附录 D、附录 E 中未包括的项目，编制人可作相应补充，并应报省、自治区、直辖市工程造价管理机构备案。

3.2.5 分部分项工程量清单的计量单位应按附录 A、附录 B、附录 C、附录 D、附录 E 中规定的计量单位确定。

3.2.6 工程数量应按下列规定进行计算：

1 工程数量应按附录 A、附录 B、附录 C、附录 D、附录 E 中规定的工程量计算规则计算。

2 工程数量的有效位数应遵守下列规定：

以"吨"为单位，应保留小数点后三位数字，第四位四舍五入；

以"立方米"、"平方米"、"米"为单位，应保留小数点后两位数字，第三位四舍五入；

以"个"、"项"等为单位，应取整数。

3.3 措施项目清单

3.3.1 措施项目清单应根据拟建工程的具体情况，参照表 3.3.1 列项。

序 号	项 目 名 称	序 号	项 目 名 称
	1 通 用 项 目	4.4	焦炉施工大棚
1.1	环境保护	4.5	焦炉烘炉、热态工程
1.2	文明施工	4.6	管道安装后的充气保护措施
1.3	安全施工	4.7	隧道内施工的通风、供水、供气、供电、照明及通讯设施
1.4	临时设施		
1.5	夜间施工	4.8	现场施工围栏
1.6	二次搬运	4.9	长输管道临时水工保护设施
1.7	大型机械设备进出场及安拆	4.10	长输管道施工便道
1.8	混凝土、钢筋混凝土模板及支架	4.11	长输管道跨越或穿越施工措施
1.9	脚手架	4.12	长输管道地下穿越地上建筑物的保护措施
1.10	已完工程及设备保护	4.13	长输管道工程施工队伍调遣
1.11	施工排水、降水	4.14	格架式抱杆
	2 建 筑 工 程		5 市 政 工 程
2.1	垂直运输机械	5.1	围堰
	3 装 饰 装 修 工 程	5.2	筑岛
3.1	垂直运输机械	5.3	现场施工围栏
3.2	室内空气污染测试	5.4	便道
	4 安 装 工 程	5.5	便桥
4.1	组装平台	5.6	洞内施工的通风、供水、供气、供电、照明及通讯设施
4.2	设备、管道施工的安全、防冻和焊接保护措施		
4.3	压力容器和高压管道的检验	5.7	驳岸块石清理

3.3.2 编制措施项目清单，出现表 3.3.1 未列的项目，编制人可作补充。

3.4 其他项目清单

3.4.1 其他项目清单应根据拟建工程的具体情况，参照下列内容列项。

预留金、材料购置费、总承包服务费、零星工作项目费等。

3.4.2 零星工作项目表应根据拟建工程的具体情况，详细列出人工、材料、机械的名称、计量单位和相应数量，并随工程量清单发至投标人。

3.4.3 编制其他项目清单，出现 3.4.1 条未列的项目，编制人可作补充。

<h1 style="text-align:center">4 工程量清单计价</h1>

4.0.1 实行工程量清单计价招标投标的建设工程，其招标标底、投标报价的编制、合同价款确定与调整、工程结算应按本规范执行。

4.0.2 工程量清单计价应包括按招标文件规定，完成工程量清单所列项目的全部费用，包括分部分项工程费、措施项目费、其他项目费和规费、税金。

4.0.3 工程量清单应采用综合单价计价。

4.0.4 分部分项工程量清单的综合单价，应根据本规范规定的综合单价组成，按设计文件或参照附录 A、附录 B、附录 C、附录 D、附录 E 中的"工程内容"确定。

4.0.5 措施项目清单的金额，应根据拟建工程的施工方案或施工组织设计，参照本规范规定的综合单价组成确定。

4.0.6 其他项目清单的金额应按下列规定确定。

1 招标人部分的金额可按估算金额确定。

2 投标人部分的总承包服务费应根据招标人提出要求所发生的费用确定，零星工作项目费应根据"零星工作项目计价表"确定。

3 零星工作项目的综合单价应参照本规范规定的综合单价组成填写。

4.0.7 招标工程如设标底，标底应根据招标文件中的工程量清单和有关要求、施工现场实际情况、合理的施工方法以及按照省、自治区、直辖市建设行政主管部门制定的有关工程造价计价办法进行编制。

4.0.8 投标报价应根据招标文件中的工程量清单和有关要求、施工现场实际情况及拟定的施工方案或施工组织设计，依据企业定额和市场价格信息，或参照建设行政主管部门发布的社会平均消耗量定额进行编制。

4.0.9 合同中综合单价因工程量变更需调整时，除合同另有约定外，应按照下列办法确定：

1 工程量清单漏项或设计变更引起新的工程量清单项目，其相应综合单价由承包人提出，经发包人确认后作为结算的依据。

2 由于工程量清单的工程数量有误或设计变更引起工程量增减，属合同约定幅度以内的，应执行原有的综合单价；属合同约定幅度以外的，其增加部分的工程量或减少后剩余部分的工程量的综合单价由承包人提出，经发包人确认后，作为结算的依据。

4.0.10 由于工程量的变更，且实际发生了除本规范 4.0.9 条规定以外的费用损失，承包人可提出索赔要求，与发包人协商确认后，给予补偿。

<h1 style="text-align:center">5 工程量清单及其计价格式</h1>

5.1 工程量清单格式

5.1.1 工程量清单应采用统一格式。

5.1.2 工程量清单格式应由下列内容组成：

1 封面。

2 填表须知。

3 总说明。

4 分部分项工程量清单。

5 措施项目清单。

6 其他项目清单。

7 零星工作项目表。

5.1.3 工程量清单格式的填写应符合下列规定。

1 工程量清单应由招标人填写。

2 填表须知除本规范内容外，招标人可根据具体情况进行补充。

3 总说明应按下列内容填写。

1）工程概况：建设规模、工程特征、计划工期、施工现场实际情况、交通运输情况、自然地理条件环境保护要求等。

2）工程招标和分包范围。

3）工程量清单编制依据。

4）工程质量、材料、施工等的特殊要求。

5）招标人自行采购材料的名称、规格型号、数量等。

6）预留金、自行采购材料的金额数量。

7）其他需说明的问题。

_____工程

工 程 量 清 单

招 标 人：_____（单位签字盖章）

法定代表人：_____（签字盖章）

中 介 机 构
法定代表人：_____（签字盖章）

造价工程师
及注册证号：_____（签字盖执业专用章）

编 制 时 间：_____

填 表 须 知

1. 工程量清单及其计价格式中所有要求签字、盖章的地方，必须由规定的单位和人员签字、盖章。

2. 工程量清单及其计价格式中的任何内容不得随意删除或涂改。

3. 工程量清单计价格式中列明的所有需要填报的单价和合价，投标人均应填报，未填报的单价和合价，视为此项费用已包含在工程量清单的其他单价和合价中。

4. 金额（价格）均应以_____币表示。

总 说 明

工程名称：   第　　页共　　页

分部分项工程量清单

工程名称：   第　　页共　　页

序　号	项 目 编 码	项 目 名 称	计量单位	工程数量

措 施 项 目 清 单

工程名称：   第　　页共　　页

序　号	项 目 名 称

其 他 项 目 清 单

工程名称：   第　　页共　　页

序　号	项 目 名 称

工程名称：   第　页　共　页

序　号	名　　称	计　量　单　位	数　量
1	人　工		
2	材　料		
3	机　械		

5.2　工程量清单计价格式

5.2.1　工程量清单计价应采用统一格式。

5.2.2　工程量清单计价格式应随招标文件发至投标人。工程量清单计价格式应由下列内容组成：

　　1　封面。

　　2　投标总价。

　　3　工程项目总价表。

　　4　单项工程费汇总表。

　　5　单位工程费汇总表。

　　6　分部分项工程量清单计价表。

　　7　措施项目清单计价表。

　　8　其他项目清单计价表。

　　9　零星工作项目计价表。

　　10　分部分项工程量清单综合单价分析表。

　　11　措施项目费分析表。

　　12　主要材料价格表。

_____工程

工 程 量 清 单 报 价 表

招　标　人：_____（单位签字盖章）

法定代表人：_____（签字盖章）

中　介　机　构
法定代表人：_____（签字盖章）

造价工程师
及注册证号：_____（签字盖执业专用章）

投 标 总 价

建 设 单 位：_____

工 程 名 称：_____

投标总价(小写)：_____

(大写)：_____

投 标 人：_____(单位签字盖章)

法 定 代 表 人：_____(签字盖章)

编 制 时 间：_____

工程项目总价表

工程名称：   第   页共   页

序　　号	单 项 工 程 名 称	金　　额 (元)
	合　　计	

单项工程费汇总表

工程名称：   第   页共   页

序　　号	单 位 工 程 名 称	金　　额 (元)
	合　　计	

单位工程费汇总表

工程名称：　　　　　　　　　　　　　　　　　第　　页　共　　页

序　号	单 位 工 程 名 称	金　额（元）
	分部分项工程费合计 措施项目费合计 其他项目费合计 规费 税金	
	合　　计	

分部分项工程量清单计价表

工程名称：　　　　　　　　　　　　　　　　　第　　页　共　　页

序　号	项 目 编 码	项 目 名 称	计量单位	工 程 数 量	金　额（元）	
					综合单价	合　价
		本页小计				
		合　　计				

措 施 项 目 清 单 计 价

工程名称：　　　　　　　　　　　　　　　　　第　　页　共　　页

序　号	单 位 工 程 名 称	金　额（元）
	合　　计	

其 他 项 目 清 单 计 价

工程名称：　　　　　　　　　　　　　　　　　第　　页　共　　页

序　号	项 目 名 称	金　额（元）
1	招标人部分	
	小　　计	
2	投标人部分	
	小　　计	
	合　　计	

零星工作项目计价表

工程名称：

序　号	名　称	计量单位	数　量	金　额（元）	
				综合单价	合　价
1	人工				
	小　计				
2	材料				
	小　计				
3	机械				
	小　计				
	合　计				

分部分项工程量清单综合单价分析表

工程名称：

序　号	项目编码	项目名称	工程内容	综合单价组成					综合单价
				人工费	材料费	机械使用费	管理费	利　润	

措 施 项 目 费 分 析 表

工程名称：　　　　　　　　　　　　　　　　　　第　　页 共　　页

序 号	措施项目名称	单位	数量	金　额（元）					
				人工费	材料费	机械使用费	管理费	利 润	小计
	合　计								

主 要 材 料 价 格 表

工程名称：　　　　　　　　　　　　　　　　　　第　　页 共　　页

序 号	材料编码	材料名称	规格、型号等特殊要求	单 位	单 价（元）

5.2.3 工程量清单计价格式的填写应符合下列规定：

1　工程量清单计价格式应由投标人填写。

2　封面应按规定内容填写、签字、盖章。

3　投标总价应按工程项目总价表合计金额填写。

4　工程项目总价表。

1）表中单项工程名称应按单项工程费汇总表的工程名称填写。

2）表中金额应按单项工程费汇总表的合计金额填写。

5　单项工程费汇总表。

1）表中单位工程名称应按单位工程费汇总表的工程名称填写。

2）表中金额应按单位工程费汇总表的合计金额填写。

6　单位工程费汇总表中的金额应分别按照分部分项工程量清单计价表、措施项目清单计价表和其他项目清单计价表的合计金额和按有关规定计算的规费、税金填写。

7　分部分项工程量清单计价表中的序号、项目编码、项目名称、计量单位、工程数量必须按分部分项工程量清单中的相应内容填写。

8　措施项目清单计价表。

1）表中的序号、项目名称必须按措施项目清单中的相应内容填写。

2）投标人可根据施工组织设计采取的措施增加项目。

9　其他项目清单计价表。

1）表中的序号、项目名称必须按其他项目清单中的相应内容填写。

2）投标人部分的金额必须按本规范5.1.3条中的招标人提出的数额填写。

10　零星工作项目计价表。

表中的人工、材料、机械名称、计量单位和相应数量应按零星工作项目表中相应的内容填写，工程竣工后零星工作费应按实际完成的工程量所需费用结算。

11　分部分项工程量清单综合单价分析表和措施项目费分析表，应由招标人根据需要提出的要求后填写。

12　主要材料价格表。

1）招标人提供的主要材料价格表应包括详细的材料编材料名称、规格型号和计量单位等。

2）所填写的单价必须与工程量清单计价表中采用的相应材料的单价一致。

C.8　给排水、采暖、燃气工程

C.8.1　给排水、采暖、燃气管道。工程量清单项目设置及工程量计算规则，应按表C.8.1的规定执行。

给 排 水、采 暖 管 道 （编码：030801） 表 C.8.1

项目编码	项目名称	项目特征	计量单位	工程量计算规则	工程内容
030801001	镀锌钢管	1.安装部位（室内、外） 2.输送介质（给水、排水、热媒体、燃气、雨水） 3.材质 4.型号、规格 5.连接方式 6.套管形式、材质、规格 7.接口材料 8.除锈、刷油防腐、绝热及保护层设计要求	m	按设计图示管道中心线长度延长米计算，不扣除阀门、管件（包括减压器、疏水器、水表、伸缩器等组成安装）及各种井类所占的长度；方向补偿器以其所占长度按管道安装工程量计算	1.管道、管件及弯管的制作、安装 2.管件安装（指铜管管件、不锈钢管件） 3.套管（包括防水套管）制作、安装 4.管道除锈、刷油、防腐 5.管道绝热及保护层安装、除锈、刷油 6.给水管道消毒、冲洗 7.水压及泄漏试验
030801002	钢管				
030801003	承插铸铁管				
030801004	柔性抗震铸铁管				
030801005	塑料管（UPVC、PVC、PP-C、PP-R、PE管等）				
030801006	橡胶连接管				
030801007	塑料复合管				
030801008	钢骨架塑料复合管				
030801009	不锈钢管				
030801010	铜管				
030801011	承插缸瓦管				
030801012	承插水泥管				
030801013	承插陶土管				

C.8.2 管道支架制作安装。工程量清单项目设置及工程量计算规则，应按表 C.8.2 的规定执行。

表 C.8.2

管道支架制作安装（编码：030802）

项目编码	项目名称	项目特征	计量单位	工程计算规则	工程内容
030802001	管道支架制作安装	1. 形式 2. 除锈、刷油设计要求	kg	按设计图示质量计算	1. 制作、安装 2. 除锈、刷油

C.8.3 管道附件。工程量清单项目设置及工程量计算规则，应按表 C.8.3 的规定。

表 C.8.3

管道附件（编码：030803）

项目编码	项目名称	项目特征	计量单位	工程量计算规则	工程内容
030803001	螺纹阀门	1. 类型 2. 材质 3. 型号、规格	个	按设计图示数量计算（包括浮球阀、手动排气阀、液压式水位控制阀、不锈钢阀门、煤气减压阀、液相自动转换阀、过滤阀）	安装
030803002	螺纹法兰阀门				
030803003	焊接法兰阀门				
030803004	带短管甲乙的法兰阀				
030803005	自动排气阀				
030803006	安全阀				
030803007	减压器	1. 材质 2. 型号、规格 3. 连接方式	组	按设计图示数量计算	1. 安装
030803008	疏水器				
030803009	法兰		副		
030803010	水表		组		
030803011	燃气表	1. 公用、民用、工业用 2. 型号、规格	块		1. 安装 2. 托架及表底基础制作、安装
030803012	塑料排水管消声器	型号、规格			
030803013	伸缩器	1. 类型 2. 材质 3. 型号、规格 4. 连接方式	个	按设计图示数量计算 注：方形伸缩器的两臂，按臂长的 2 倍合并在管道安装长度内计算	
030803014	浮标液面计	型号、规格	组		
030803015	浮标水位标尺	1. 用途 2. 型号、规格	套		
030803016	抽水缸	1. 材质 2. 型号、规格		按设计图示数量计算	
030803017	燃气管道调长器	型号、规格	个		
030803018	调长器与阀门连接				

C.8.4 卫生器具制作安装、工程量清单项目设置及工程量计算规则，应按表 C.8.4 的规定执行。

卫生器具制作安装（编码：030804）　　表 C.8.4

项目编码	项目名称	项目特征	计量单位	工程量计算规则	工程内容
030804001	浴盆	1. 材质 2. 组装形式 3. 型号 4. 开关	组	按设计图数量计算	器具、附件安装
030804002	净身盆				
030804003	洗脸盆				
030804004	洗手盆				
030804005	洗涤盆（洗菜盆）				
030804006	化验盆				
030804007	淋浴器	1. 材质 2. 组装方式 3. 型号、规格	套		
030804008	淋浴间				
030804009	桑拿浴房				
030804010	按摩浴缸				
030804011	烘手机				
030804012	大便器				
030804013	小便器				
030804014	水箱制作安装	1. 材质 2. 类型 3. 型号、规格			1. 制作 2. 安装 3. 支架制作、安装及除锈、刷油 4. 除锈、刷油
030804015	排水栓	1. 带存水弯、不带存水弯 2. 材质 3. 型号、规格	组		安装
030804016	水龙头	1. 材质 2. 型号、规格	个		
030804017	地漏				
030804018	地面扫除口				
030804019	小便槽冲洗管制作安装		m		制作、安装
030804020	热水器	1. 电能源 2. 太阳能源	台		1. 安装 2. 管道、管件、附件、安装 3. 保温
030804021	开水炉	1. 类型 2. 型号、规格 3. 安装方式			安装
030804022	容积式热交换器				1. 安装 2. 保温 3. 基础砌筑
030804023	蒸汽-水加热器	1. 类型 2. 型号、规格	套		1. 安装 2. 支架制作、安装 3. 支架除锈、刷油
030804024	冷热水混合器				
030804025	电消毒器		台		安装
030804026	消毒锅				
030804027	引水器		套		

C.8.5 供暖器具。工程量清单项目设置及工程量计算规则，应按表 C.8.5 的规定执行。

供 暖 器 具（编码：030805）　　　　表 C.8.5

项目编码	项目名称	项目特征	计量单位	工程量计算	工程内容
030805001	铸铁散热器	1. 型号、规格 2. 除锈、刷油设计要求	片	按设计图示数量计算	1. 安装 2. 除锈
030805002	钢制闭式散热器				安装
030805003	钢制板式散热器		组		
030805004	光排管散热器制作安装	1. 型号、规格 2. 管径 3. 除锈、刷油设计要求	m		1. 制作、安装 2. 除锈、刷油
030805005	钢制壁板式散热器	1. 质量 2. 型号、规格	组		安装
030805006	钢制柱式散热器	1. 片数 2. 型号、规格			
030805007	暖风机	1. 质量 2. 型号、规格	台		
030805008	空气幕				

C.8.6 燃气器具。工程量清单项目设置及工程量计算规则，应按表 C.8.6 的规定执行。

燃气器具（编码：030806）　　　　表 C.8.6

项目编码	项目名称	项目特征	计量单位	工程量计算	工程内容
030806001	燃气开水炉	型号、规格	台	按设计图示数量计算	安装
030806002	燃气采暖炉				
030806003	沸水器	1. 容积式沸水器、自动沸水器、燃气消毒器 2. 型号　规格			
030806004	燃气快速热水器	型号、规格			
030806005	燃气灶具	1. 民用、公用 2. 人工煤气灶具、液化石油气灶具、天然气燃气灶具 3. 型号、规格			
030806006	气嘴	1. 单嘴、双嘴 2. 材质 3. 型号、规格 4. 连接方式	个		

C.8.7 采暖工程系统调整。工程量清单项目设置及工程量计算规则，应按表 C.8.7 的规定执行。

采暖工程系统调整（编码：030807） 表 C.8.7

项目编码	项目名称	项目特征	计量单位	工 程 量 计 算	工程内容
030807001	采暖工程系统调整	系 统	系 统	按由采暖管道、管件、阀门、法兰、供暖器具组成采暖工程系统计算	系统调整

C.8.8 其他相关问题，应按下列规定处理：

1. 管道界限的划分。

1）给水管道室内外界限划分：以建筑物外墙皮 1.5m 为界，入口处设阀门者以阀门为界。与市政给水管道的界限应以水表井为界；无水表井的，应以市政给水管道碰头点为界。

2）排水管道室内外界限划分：应以出户第一个排水检查井为界。室外排水管道与市政排水界限应以与市政管道碰头井为界。

3）采暖热源管道室内外界限划分：以建筑物外墙皮 1.5m 为界，入口处设阀门者以阀门为界；与工业管道界限的应以锅炉房或泵站外墙皮 1.5m 为界。

4）燃气管道室内外界限划分：地下引入室内的管道应以室内第一个阀门为界，地上引入室内的管道应以墙外三通为界；室外燃气管道与市政燃气管道应以两者的碰头点为界。

2. 凡涉及到管沟及井类的土石方开挖、垫层、基础、砌筑、抹灰、地井盖板预制安装、回填、运输，路面开挖及修复、管道支墩等，应按附录 A、附录 D 相关项目编码列项。

第二节　室内采暖工程工程量清单计价编制举例

为便于比较，学习清单计价方法，本例仍以第三章办公楼采暖工程为例加以说明。

一、招标文件

包括下面（一）、（二）、（三）部分，由招标人或委托有工程造价咨询资质的单位编制。

（一）××办公楼建筑工程施工招标书（略）

（二）××办公楼建筑工程施工招标答疑

（1）余土外运按 10km 计。

（2）工程量清单计费参考本省建筑工程取费费率，结合投标单位自身情况确定。

（3）脚手架搭拆费可参照本省预算定额规定自行确定。

（4）以下略。

（三）建筑工程工程量清单

1. 建筑工程工程量清单封面

××楼土建水暖电安装　工程

工 程 量 清 单

招　标　人：**××市房地产开发公司**　（单位签字盖章）

法 定 代 表 人：＿＿＿＿**×××**＿＿＿＿（签字盖章）

中 介 机 构
法 定 代 表 人：＿＿＿＿**×××**＿＿＿＿（签字盖章）

造 价 工 程 师
及 注 册 证 号：＿＿＿＿**×××**＿＿＿＿（签字盖执业专用章）

编 制 时 间：＿＿**×年×月×日**

2．总说明

工程名称：××楼土建、水暖电安装工程　　　　　　　　第　　页 共　　页

1．工程概况：（略）。

2．招标范围：土建工程、给排水、采暖、电气安装工程。

3．工程质量要求：优良工程。

4．工程量清单编制依据：

4.1 施工图1套；

4.2《××楼建筑工程施工招标书》、《××楼建筑工程招标答疑》、《山西省建筑工程费用定额》；

4.3 工程量清单计量按照国标《建设工程工程量清单计价规范》编制；

4.4 进户给水管算至外墙1.5m处，排水管算至外墙3m处；

4.5 进户电源配管及电缆算至外墙1m处。

5．以下略。

3．分部分项工程量清单（土建、给排水、电气略）

工程名称：某办公楼采暖工程　　　　　　　　　　　　　第　　页 共　　页

序号	项目编码	项 目 名 称	计量单位	工程数量
		室内焊接钢管安装螺纹连接，手工除锈，刷一次防锈漆，两次银粉漆，镀锌薄钢板套管		
1	030801002001	*DN*15	m	30
2	030801002002	*DN*20	m	196
3	030801002003	*DN*25	m	54
4	030801002004	*DN*32	m	68
5	030801002005	*DN*40	m	42

序号	项目编码	项目名称	计量单位	工程数量
6	030801002006	DN50 阀门安装，螺纹连接	m	2
7	030803001001	Z15T-10　DN15	个	2
8	030803001002	Z15T-10　DN20	个	31
9	030803001003	Z15T-10　DN32	个	4
10	030803001004	Z15T-10　DN40	个	2
11	030805001001	铸铁暖气片安装柱型，手工除锈，刷一次防锈漆，两次银粉漆	片	386
12	030803005001	自动排气阀安装　DN20	个	2
13	030802001001	管道支架制作安装，手工除锈，刷一次防锈漆，两次调和漆	kg	67
14	030807001001	采暖系统调整	系统	1

4. 措施项目清单

工程名称：某办公楼采暖工程 　　　　　　　　　　　　　　第　　页共　　页

序　号	项　目　名　称
1	临时设施费
2	文明施工费
3	安全施工费
4	二次搬运费
5	脚手架搭拆费
6	安全网翻挂增加费　　　　280m²

5. 其他项目清单

工程名称：某办公楼采暖工程 　　　　　　　　　　　　　　第　　页共　　页

序　号	项　目　名　称
1	预留金（不可预见费）
2	工程分包和材料购置费
3	总承包服务费
4	零星工作费
5	其他

6. 零星工作项目表

工程名称：某办公楼采暖工程 　　　　　　　　　　　　　　第　　页共　　页

序　号	名　称	计量单位	数　量
1	人工		
1.1	管道工	工日	20
1.2	电焊工	工日	10
1.3	其他工	工日	50
2	材料		
2.1	电焊条	kg	4
2.2	氧气	m³	5
2.3	乙炔气	m³	30
3	机械		
3.1	电焊机直流　20kW	台班	8
3.2	载重汽车　5t	台班	4

二、工程量清单报价的编制

如前所述，工程量清单报价是由投标人按照招标文件及市场行情、企业自身情况，结合有关政策、规范来编制的。本例包括以下各部分：

1. 封面

有工程名称、投标人名（章）、法人名（章）等内容。

<u>××楼土建水暖电安装</u>　工程

工 程 量 清 单 报 价 表

投　标　人：　<u>　××建筑公司　</u>　（单位盖章）

法 定 代 表 人：　<u>　　××× 　　</u>　（签字盖章）

造价工程师
及注册证号：　<u>　　　××× 　　</u>　（签字盖执业专用章）

编 制 时 间：　<u>　×年×月×日　　</u>

2. 投标总价

有大、小写的投标报价（以大写为准），单位名称等内容。

投 标 总 价

建　设　单　位：　<u>　　×××　　　</u>

工　程　名　称：　<u>　××楼土建水暖电安装工程　</u>

投标总价(小写)：　<u>　　454999.91 元　</u>

（大写）：<u>肆拾伍万肆仟玖佰玖拾玖元玖角壹分整</u>

投　标　人：　<u>　××建筑公司　</u>　（单位盖章）

法 定 代 表 人：　<u>　　　×××　　　</u>　（签字盖章）

编 制 时 间：　<u>　　×年×月×日　　</u>

3．总说明

是投标报价的编制依据和说明。本例对土建、电气等说明有所删节。

工程名称：××楼水暖电安装工程　　　　　　　　　　　　第　　页共　　页

1．编制依据：建设方提供的××楼土建、水暖电施工图、招标邀请书、招标答疑等一系列招标文件。

2．编制说明：经我公司实际进行市场调查后，建筑材料市场价格确定如下：

（1）钢材：经我方掌握的市场信息，该材料价格趋上涨趋势，故钢材报价在标底价的基础上上涨2%。

（2）散热器按无粘砂考虑，报价在标底价基础上上浮6%。

（3）其他所有材料均按太原市建设工程造价主管部门发布的市场材料价格下浮3%。

（4）按我公司目前资金和技术能力、本工程各项施工费率值取定如下：

序号	工程名称	费率名称（%）						
		规费			施工管理费	利润	措施费	
		不可预见费	社会保障费	其他			临时设施费	冬雨期施工增加费
1	土建	2.22	3.50	0.98	6.40	4.50	2.00	1.70
2	安装	2.22	3.50	0.66	58.00	50.00	18.00	9.00

4．单项工程费汇总表

本单项工程包含四项单位工程，总费用454999.91元，是对投标总价的说明。

工程名称：××楼水暖电安装工程　　　　　　　　　　　　第　　页共　　页

序　号	单位工程名称	金额（元）
1	土建工程	400249.56
2	给排水安装工程	9088.35
3	采暖工程	23424
4	电气安装工程	22238
	合　计	454999.91

5．土建工程报价（略）

6．给排水安装工程报价（略）

7．采暖安装工程报价

8．电气安装工程报价（略）

本例只介绍第5~8中的第7项，其余报价可参照本例编制

第7项采暖工程费的计价包括下列内容：

7.1　单位工程费汇总表

表中列出五项计费内容。其中规费和税金是以人工费为基数按总说明中的费率计算的。

序　号	项 目 名 称	金 额（元）
1	分部分项工程费合计	17927
2	措施项目费合计	450
3	其他项目费合计	4215
4	规费	222
5	税金	610
	合　　计	23424

7.2　分部分项工程量清单报价表

此表所列各项目的综合单价在7.6中有具体的分析。此表是对7.1中的第1项费用的分解。

序　号	项目编码	项 目 名 称	计量单位	工程数量	综合单价	合价
		室内焊接钢管安装螺纹连接，手工除锈，刷一次防锈漆，两次银粉漆，镀锌薄钢板套管				
1	030801002001	DN15	m	30	16	480
2	030801002002	DN20	m	196	17.6	3450
3	030801002003	DN25	m	54	22	1188
4	030801002004	DN32	m	68	25	1700
		室内焊接钢管安装和手工电弧焊，手工除锈，刷两次防锈漆，玻璃布保护层，刷两次沥青漆，钢套管				
5	030801001005	DN40	m	42	33	1386
6	030801001006	DN50	m	2	40	80
		阀门安装，螺纹连接				
7	030803001001	Z15T-10　DN15	个	2	14	28
8	030803001002	Z15T-10　DN20	个	31	16	496
9	030803001003	Z15T-10　DN32	个	4	24	96
10	030803001004	Z15T-10　DN40	个	2	32	64
11	030805001001	铸铁暖气片安装柱型，手工除锈，刷一次防锈漆，两次银粉漆	片	386	21	8106
12	030803005001	自动排气阀安装　DN20	个	2	67	134
13	030802001001	管道支架制作安装，手工除锈，刷一次防锈漆，两次调和漆	kg	67	17	1151
14	030807001001	采暖系统调整	系统	1	608	608
		合　　计				17927

7.3　措施项目清单计价表

序　号	项 目 名 称	金 额（元）
1	临时设施费	200
2	安全施工费	100
3	脚手架搭拆费	150
	合　　计	450

按"计价规范"表 3.3.1 和招标文件中项目清单内容,本例只涉及到其中的三项。具体费用应根据实际情况取定。此表是对 7.1 中的第 2 项费用的说明。

7.4 其他措施项目清单计价表

工程名称:某办公楼采暖工程 　　　　　　　　　　　　　第　　页 共　　页

序　号	项　目　名　称	金　额(元)
1	不可预见费	1000
2	工程分包和材料购置费	
3	总承包服务费	
4	零星工作费	3215
5	其他	
	合　　计	4215

招标文件中的其他项目清单给出五项。本例中取定其中的两项。此表是对 7.1 中的第 3 项的分解说明。

7.5 零星工作项目计价表

工程名称:某办公楼采暖工程 　　　　　　　　　　　　　第　　页 共　　页

序　号	名　　称	计量单位	数　量	综合单价	合　价
1	人工				
1.1	管道工	工日	10	30	300
1.2	电焊工	工日	10	30	300
1.3	其他工	工日	20	30	600
	小　计				1200
2	材料				
2.1	电焊条	kg	4	3.68	15
2.2	氧　气	m³	5	2.17	11
2.3	乙炔气	kg	30	13.91	417
	小　计				443
3	机　械				
3.1	电焊机直流 20kW	台班	8	62.56	536
3.2	载重汽车 5t	台班	2	268	1036
	小　计				1572
	合　计				3215

按招标文件中给出的内容,给出综合单价。此表是对 7.4 中的第 4 项进行分解说明。

7.6 综合单价分析计算表

综合单价计算表有许多项,应对 7.2 中的每一个项目单价进行分析计算,说明该项综合单价的计算依据。本例只计算了若干项。其余项目读者可自行进行分析计算。对实际涉及到的其他一些费用,如高层增加费、安装与生产同时进行增加费、管道施工增加费、有害环境下施工增加费,应分别计入各项综合单价中。

7.6.1 分部分项工程量清单综合单价计算表（仅分析 *DN*20 和 *DN*40 管道，其他略）

工程名称：某办公楼采暖工程　　　　　　　　　　　　计量单位：m

项目编号：030801002002　　　　　　　　　　　　　工程数量：196

项目名称：室内焊接钢管安装螺纹连接　*DN*20　　　　综合单价：17.6 元

序号	定 额 编 号	工 程 内 容	单位	数量	其中： （元）					
					人工费	材料费	机械费	管理费	利润	小计
1	8-99	管道安装 *DN*20	m	196	850	306				
2		焊接钢管 *DN*20	m	200		842				
3	8-170	镀锌薄钢板套管制作安装 *DN*32	个	9.30	157	26				
4	11-1	手工除锈	m²	16.5	13.3	3.62				
5	11-53、54、56、57	刷油	m²	16.5	41	25				
6		防锈漆	kg	4		35				
7		银粉漆	kg	1.14		14.2				
		小 计	元		1061	1242				
		合 计			1061	1242	616	530.5		3450

7.6.2 分部分项工程量清单综合单价计算表

工程名称：某办公楼采暖工程　　　　　　　　　　　　计量单位：m

项目编号：030801002006　　　　　　　　　　　　　工程数量：42

项目名称：室内焊接钢管安装螺纹连接　*DN*40　　　　综合单价：33 元

序号	定额编号	工 程 内 容	单位	数量	其中： （元）					
					人工费	材料费	机械费	管理费	利润	小计
1	8-110	管道安装　*DN*40	m	42	180	29				
2		焊接钢管　*DN*40	m	43						
3	8-25	钢套管制作安装　*DN*50	m	0.5	1	0.1				
4		焊接钢管　*DN*50	m	0.51						
5	11-1	手工除锈	m²	6.3	5					
6	11-53	刷油	m²	6.3	8					
7		防锈漆	kg	1.53						
8	11-1826	纤维管壳保温 δ = 50	m³	0.42	56	3.3				
9		岩棉瓦	m³	0.43						
10	11-2153	玻璃布保护层	m²	15.73	18					
11		玻璃丝布	m²	22						
12	11-238、239	布面油漆	m²	15.73	60					
13		沥青漆	kg	13						
		合 计			310	685	32	180	155	1362

7.6.3 分部分项工程量清单综合单价计算表

工程名称：某办公楼采暖工程　　　　　　　　　　　　　　计量单位：个
项目编号：030801001002　　　　　　　　　　　　　　　工程数量：31
项目名称：螺纹阀门安装　DN40　　　　　　　　　　　综合单价：16元

序号	定额编号	工程内容	单位	数量	其中：（元）					
					人工费	材料费	机械费	管理费	利润	小计
1	8-276	螺纹阀门安装　DN20	个	31	74	68				
2		阀门　Z15-10	个	31.3		262				
		合　计			74	330	—	43	37	484

7.6.4　分部分项工程量清单综合单价计算表

工程名称：某办公楼采暖工程　　　　　　　　　　　　　　计量单位：个
项目编号：030805001001　　　　　　　　　　　　　　　工程数量：386
项目名称：散热器安装柱型　TFP（Ⅲ）-1.0/6-5　　　　综合单价：21元

序号	定额编号	工程内容	单位	数量	其中：（元）					
					人工费	材料费	机械费	管理费	利润	小计
1	8-491	铸铁散热器安装	片	386	375	550				
2			片	390		4990				
3		柱型	m²	162	138	36				
4	11-4	人工除锈	m²	162	384	116				
5	11-198、200、201	散热器油漆、防锈漆	kg	17		170				
6		酚醛清漆	kg	14		133				
		合　计			897	5995	—	520	449	7861

7.6.5　分部分项工程量清单综合单价计算表

工程名称：某办公楼采暖工程　　　　　　　　　　　　　　计量单位：个
项目编号：030803005001　　　　　　　　　　　　　　　工程数量：2
项目名称：自动排气阀安装　DN20　　　　　　　　　　综合单价：67元

序号	定额编号	工程内容	单位	数量	其中：（元）					
					人工费	材料费	机械费	管理费	利润	小计
1	8-334	自动排气阀安装	个	2	11	10				
2		自动排气阀	个	2		100				
		合　计			11	110	—	6	6	133

7.6.6　分部分项工程量清单综合单价计算表

工程名称：某办公楼采暖工程　　　　　　　　　　　　　　计量单位：kg
项目编号：030802001001　　　　　　　　　　　　　　　工程数量：67
项目名称：支架制作安装　　　　　　　　　　　　　　综合单价：17元

序号	定额编号	工程内容	单位	数量	其中：（元）					
					人工费	材料费	机械费	管理费	利润	小计
1	8-212	支架制作安装	kg	67	240	137	277			
2		型钢	kg	71		163				
3	11-7	除锈	kg	67	8	2	8			
4	11-119、122、123	油漆	kg	67	10	2	15			
5		防锈漆	kg	1.1		10				
6		酚醛清漆	kg	0.12		2				
		合　计			258	314	300	150	129	1151

7.6.7 分部分项工程量清单综合单价计算表

工程名称：某办公楼采暖工程　　　　　　　　　　　　　　　　计量单位：系统

项目编号：030807001001　　　　　　　　　　　　　　　　　　工程数量：1

项目名称：采暖工程系统调整　　　　　　　　　　　　　　　　综合单价：608元

序号	工 程 内 容	单位	数量	其中：　（元）					
				人工费	材料费	机械费	管理费	利润	小计
1	采暖工程系统调整	系统	1	100	400				
	合　计			100	400	—	58	50	608

7.7 措施项目计算表

工程名称：某办公楼采暖工程　　　　　　　　　　　　　第　　页　共　　页

序号	工 程 内 容	单位	数量	综合单价　（元）					
				人工费	材料费	机械费	管理费	利润	小计
1	临时设施费	项	1	40	120		20	20	200
2	文明施工费	项							
3	安全施工费	项	1	40	20		20	20	100
4	二次搬运费	项	1						
5	脚手架搭拆费	项	1	28	92		16	14	150
	合　计			108	232		56	54	450

此表是对 7.3 中费用的分解。本例只涉及三项。

7.8 主要材料价格表

本表中只列出两项主要材料价格。

以下是具体报价内容。

工程名称：某办公楼采暖工程　　　　　　　　　　　　　第　　页　共　　页

序号	材料编码	材 料 名 称	规格、型号等特殊要求	单　位	单价（元）
1		焊接钢管		t	3670
2		散热器 TFP（Ⅲ）-1.0/6-5		片	12.8

三、清单计价方法与原计价方法对比分析

通过上述实例比较，结合本节概述中关于工程量清单计价介绍，强调以下几点，供读者参考。

（1）不论哪种计价方式，均离不开定额。而对于工程定额来说，无论是施工定额或预算定额，还是地方定额或企业定额，不外乎是"量"和"价"的结合。其中，"量"是本质性的、技术性的，代表和反映国家、地方、企业的施工技术、施工管理水平，是相对稳定的。而"价"则是市场问题，是波动、变化较快的。新的计价方法势必推动大、中型先进企业在分析、总结现行定额的基础上，结合新工艺、新材料、新方法、新观念进行企业的挖潜，测编企业自己的定额，以利于市场竞争。

（2）新的计价方式对计价人员各方面的素质要求更高。从实例中可以看出，清单报价表中的每一项目编码下的综合单价均应有综合单价分析，这些单价分析计算几乎完全是按

现行定额（可以是企业定额）进行的。所以，采用新方法计价，仍然要求计价人员熟悉原来的有关定额和原来的计价方法，而且还得运用专业知识，进行工艺分析，才能较准确、有效地进行综合单价分析，以便拓展竞争空间。

（3）综合单价的确定，直接影响着分部分项工程费和税金，间接影响着措施项目计价和规费。而措施项目费的确定则相对独立于单价分析，需从另一角度取定，而且调节范围较大，故总价的调节主要是取决于综合单价分析报价和措施项目费报价，而这两项内容又与工程大小关系较大。

（4）当工程发生变更，工程量发生变化时，按清单计价方法，综合单价一般是不允许调整的。事实上，工程量的多少，在一定程度上影响着综合单价的分析确定。

（5）相当长的一段时间内，清单计价、报价将仍然是原计价方式的形式变化而无实质性的突破，这不单单是一个技术问题、市场问题，也是本书仍以介绍原有计价方式为主的原因所在。

复习思考题

1. 什么叫工程量清单计价？包含哪些主要内容？由谁负责编制？
2. 简述《建设工程工程量清单计价规范》主要内容及特点？
3. 举例说明清单计价的项目编码设置方法。
4. 综合单价如何确定？包含哪些内容？
5. 工程大小对综合单价的确定是否有影响？为什么？
6. 比较两种计价方式，并予以归纳总结。
7. 试分析本章实例与第三章实例费用差别产生的原因。

参 考 文 献

1　全国统一安装工程预算定额 . 北京：中国计划出版社，2001

2　全国统一安装工程预算工程量计算规则 . 北京：中国计划出版社，2001

3　全国统一安装工程预算定额解释汇编 . 北京：中国计划出版社，1996

4　建设工程工程量清单计价规范（GB 50500—2003）. 北京：中国计划出版社，2003

5　建设部定额标准研究所 .《建设工程工程量清单计价规范》宣贯教材 . 北京：中国计划出版社，2003

6　阮文 . 预算与施工组织管理 . 哈尔滨：黑龙江科学技术出版社，1997

7　高文安 . 安装工程预算与组织管理 . 北京：中国建筑工业出版社，2003

8　山西省工程建设标准定额站 .《全国统一安装工程预算定额》山西省价目表问题解答及补充预算定

　　额 . 北京：中国建筑工业出版社，2003